우리 만난 적 있나요?

우리 만난 적 있나요?

이 땅에 사는 야생동물의 수난과 구조 이야기

충남야생동물구조센터 지음

양철북

충남야생동물구조센터가 개소한 지 벌써 수년이 지났습니다. 그동안 참으로 많은 일이 있었습니다. 달려오는 차량을 피하며 도로 한복판에 쓰러진 동물을 구조하고, 물속에 들어가거나 높은 곳에 올라가 조난당한 동물을 구하기를 서슴지 않았습니다. 그렇게 구조한 동물을 치료하기 위해 직원들은 정말 많은 눈물과 구슬땀을 흘렸습니다. 맥없이 스러지는 생명을 지켜보는 것은 견딜 수 없는 무게로 다가오기도 했습니다.

그렇게 시간이 점차 흘러가면서 구조센터를 운영하기 전에는 알 수 없었던, 보이지 않던 진실이 보이기 시작했습니다. 센터장인 저 역시도 우리나라에 이렇게 다양한 야생동물이 함께 살아가고 있고, 오늘날 이런 위기에 처해 있음을 모르고 살았다는 것을 반성하지 않을 수 없었습니다.

야생동물은 건강한 생태계를 구성하는 필수적인 주체입니다. 인류 역시 삶의 모든 부분을 생태계에 의지하며 살아갑니다. 하지만 우리는 생태계와 우리의 삶을 이분법적으로 구분해 살아왔던 것 같습니다. 인류 역사의 발전 과정을 살펴보면 알 수 있습니다. 우리 삶의 발자취는 곧 야생동물의 서식지 파괴와 각종 환경오염으로 이어졌고, 그 과정에서 야생동물은 그 수가 줄거나 멸종에 이르기도 했습니다. 우리의 생활이 발전하고 편리해지는 만큼, 눈에 보이지 않는 존재들은 그들이 누려야 할 권리를 잃어야 했습니다.

야생동물의 생존을 위협하는 것을 바로잡지 않는다면, 결국 우리 인류의 생존마저 위협받는 상황으로 이어질 것입니다. 지구라는 터전은 오롯이 우리의 것이 아닙니다. 우리가 건강하게 살아가기 위해서라도, 더불어 살아가야 할 야생동물의 삶을 들여다 봐야 합니다.

이 책은 여러 야생동물이 겪어 왔던 삶의 이야기를 통해 그동안 우리가 놓치고 살았던 것이 무엇인지, 그리고 이를 되돌릴 방법은 없는지 물음을 던지는 계기가 될 것입니다. 그로 인해 많은 사람들이 조금 더 야생동물에 관심을 갖고, 함께 살아갈 미래를 꿈꾸게 되길 진심으로 바랍니다.

센터장 박영석

(공주대학교 특수동물학과 교수)

오래전부터 우리에게 자연은 정복의 대상이었습니다. 문명이 미치지 않은 자연은 아무런 의미가 없는, 공백 상태로 취급됐죠. 그 일부이기 때문일까요? 야생동물도 그렇게 여겨졌습니다.

'나와는 전혀 상관없는 존재' 정도로 말이죠.

모두 각자의 삶을 바쁘게 살아가다 보니 미처 신경 쓰지 못했던, 다큐멘터리에서나 보던 존재, 야생동물. 안타깝지만 대부분 사람들이 그렇게 생각합니다. 녀석들이 계속해서 우리 눈에 보이는 것이 아니니 함께 살아가는 존재라는 것을 쉽게 잊어버리죠. 하지만 보이지 않을 뿐, 야생동물은 우리와 같은 시간과 장소를 공유하며 예전부터 함께해 왔습니다. 너구리의 삶이 지나가며 패인 발자국을 따라 우리 역시 발맞춰 걸어갔고, 무심코 올려다본 하늘엔 방금까지 황조롱이의 삶이 머물러 있었으며, 햇살이 눈부시게 일렁이는 강물 속엔 갖가지 물고기의 삶이 헤엄치고 있습니다.

물론 생명이 태어나 죽는 건 정해진 자연의 이치입니다. 하지만 문제는 오늘날 그 과정에서 인간이 끼치는 영향력이 너무 막대하다는 점입니다. 나무를 베어 낸 자리에 건물을 지어 살고, 흙을 파내어 도로를 깔아 빠르게 이동하고, 흐르는 물을 가둬 이용하는 우리의 편리한 삶 말입니다. 덕분에 도

시의 빌딩은 숲을 이룬 채 끝 모르게 높아지고, 야생동물의 서식지는 관광지가 되어 깎여 나갔죠. 유리창과 충돌해 새들이 나뒹굴고, 달려오는 차량을 미처 피하지 못해 숨을 거두는 동물이 부지기수지만 유리창을 없애고 운전을 하지 말자고 얘기할 순 없습니다.

문명의 이기와 야생동물과의 공존은 결국 윤리적 영역입니다. 어쩌면 내 삶으로 인해 고통받고 있을지 모를, 이름 모를 존재에 대한 막연한 연민이 기반입니다. 그런 의미에서 이 책은 온몸으로 삶을 버텨 내느라 곳곳에 생긴 상처를 지닌 야생동물을 이야기하면서 동시에 그들에게 윤리적 책임을 느끼는 사람의 마음을 치유하기 위해 쓰였는지도 모르겠습니다.

문명의 이기라는 특권에 취한 우리의 걸음에 치이고 치여 어느새 낭떠러지까지 내몰린 동물들의 삶을, 어쩌면 알면서도 외면하고 있었는지 모릅니다. 이제는 정말 고개를 돌려 그들을 바라봐야 하지 않을까요? 그들이 사라지고 난 뒤 그 낭떠러지에 서게 될 존재는 다름 아닌 우리일 테니까요. 그리고 아직, 함께 살아가기에 늦지 않았으니까요.

끝으로 11-118, 13-632, 14-080 같은 숫자로 불렸지만 하나하나 보석보다 반짝이고 소중했던 충남야생동물구조센터를 거쳐 간 수많은 야생동물에게 진심으로 고마웠다고, 너희가 겪은 아픔이 반복되지 않도록 끝까지 노력하겠다고 전하고 싶습니다.

대표 저자 **김봉균**

차례

여름 | 생명 릴레이 |

1장

春

봄

삶과 죽음의 경계에서

바야흐로 봄입니다. 이불 밖은 춥다면서 겨우내 집에 머물다가 부산스럽게 봄을 맞이하는 우리처럼, 야생동물도 굴 안에서 곤히 겨울잠을 자다가 봄이 오면 드디어 밖으로 나와 기지개를 폅니다. 움츠렸던 몸을 활짝 펴고 새로운 출발을 시작하죠. 봄은 이처럼 모든 생명이 꿈틀대며 움트는 계절입니다. 겨울잠에서 깨어난 동물은 주린 배를 부여잡고 먹이를 찾아 나섭니다. 반대로 겨울 동안 우리나라에 머물렀던 큰고니와 독수리 같은 철새들은 북쪽으로 이동해 자취를 감춥니다. 물론 그 자리를 저어새, 파랑새 같은 여름 철새들이 찾아와 다시 메우기 시작합니다. 봄은 바로 그 교차점이 되는 시기이기 때문에 가장 다양한 야생동물을 관찰할 수 있답니다.

파랑새가 보이면 어느덧 봄이다.

야생동물에게 봄은 번식을 준비하는 계절입니다. 짝을 맺기 위해 갖은 치장을 하고, 끊임없이 사랑의 세레나데를 부릅니다. 그렇게 짝을 찾은 동물은 새끼를 안전하게 키워 낼 보금자리를 만드려고 분주해집니다. 나뭇가지나 흙, 다른 동물의 털 따위를 쉴 새 없이 물어 날라 둥지를 치죠. 봄이 활기차게 느껴지는 것은 야생동물의 이런 모습 덕분이기도 합니다.

하지만 평화로워 보이는 그 모습 뒤에는 치열한 경쟁이 펼쳐지고 있습니다. 짝을 차지하기 위해선 목숨을 각오로 싸워 이겨야 하고, 애써 만든 둥지

새끼동물 구조의 시작을 알리는 수리부엉이.

는 호시탐탐 노리는 녀석들로부터 눈을 부릅뜨고 지켜 내야 합니다. 활기차
고 포근하게만 느껴졌던 야생의 봄은 녹록지 않은 삶의 연속입니다.

　야생이 그러하듯, 구조센터의 봄 역시 만만치 않습니다. 겨울을 거치면서
망가진 시설을 보수하고, 동물들이 따뜻한 겨울을 보낼 수 있게 설치했던 온
열 기구를 제거합니다. 봄을 맞이한 야생동물구조센터는 소소한 일을 해 나
가며 차분한 시간을 보내지만, 동시에 무거운 긴장감이 감돕니다. 마치 폭풍
전야 같다고나 할까요. 다가올 여름, 우르르 들어올 야생동물을 감당하려면
미리 준비를 해야 하기 때문입니다. 당장 3월이 되면 솜털이 보송보송한 수

리부엉이를 시작으로 삵, 너구리, 황조롱이, 고라니 같은 새끼동물이 센터를 가득 채우게 될 테니까요. 말 그대로 야전병원이 됩니다.

　새끼동물을 돌볼 때 필요한 분유와 다양한 먹이, 급여용품 등 여러 가지를 마련하면서 동시에 체력도 비축합니다. 무엇보다 마음을 잘 다스리는 시간을 갖습니다. 여름에는 하루 동안 20여 마리의 동물을 구조해야 하는 날도 있는데, 그럴 때는 몸도 마음도 무척 힘들기 때문입니다. 다가올 현실을 애써 부정하며 억지로라도 봄을 붙잡으며 평온을 유지하려고 노력하죠. 야생동물구조센터의 봄은 그렇게 흘러갑니다.

맘껏 봄을 노래하는 청개구리.

봄
—

누룩뱀

———————

냉장고 더부살이에서 풀려난 어느 봄날

한 음식점에서 한바탕 소동이 벌어졌다는 연락이 왔습니다. 갑자기 큰 뱀이 발견되었으니 그럴 수밖에요. 신고를 받고 나간 현장에는 누룩뱀이 있었습니다. 산구렁이라고도 불리는 제법 큰 뱀이죠. 우리나라 전역에 퍼져 살고 있으며, 낮은 지대의 강가나 경작지, 산림, 초원과 같이 먹이가 있는 곳이라면 어디에서든 만날 수 있는 뱀입니다. 독은 없지만, 공격성이 강해 조심해야 합니다.

건강을 살펴보니 활동성이 다소 떨어지는 걸 빼고는 별다른 이상은 없었습니다. 그런데 문제는, 녀석이 발견된 시기가 1월이라는 점입니다. 파충류인 녀석은 지금쯤 한창 겨울잠에 빠져 있어야 하는데 왜 깨어있는 채 발견되었을까요? 뱀은 변온동물입니다. 체온을 조절하는 능력이 없어서 외부의 온도에 따라 체온이 변합니다. 그 때문에 추운 겨울에는 온도의 변화가 적은 땅이나 돌 틈, 굴속에 들어가서 겨울잠을 자는 것이죠. 그렇다면 녀석은 이미 겨울이 오기 전부터 이 건물 안에 머물렀던 걸까요? 워낙 조용하고 눈에 잘 띄지 않는 동물이니 불가능한 이야기도 아닙니다. 어쩌면 처음부터 겨울잠에 들 장소로 건물 내부를 선택했을 수도 있고요.

"이 녀석을 어떻게 해야 하지? 지금 자연으로 돌려보내면 체온을 유지할 수 없을 텐데……."

"그렇다고 녀석을 깨어 있는 상태로 이곳에 머물게 하는 것은 생체리듬

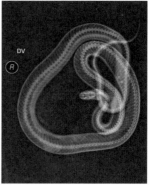

구조된 누룩뱀의 몸 상태를 검사하고 있다. 엑스레이 촬영 결과 다행히 아무런 이상이 없었다.

에 악영향을 끼칠지 몰라. 특히나 겨울잠을 자던 녀석이라면 더더욱."

녀석을 자연으로 돌려보내는 것도, 깨어 있는 상태로 겨울이 끝날 때까지 구조센터에 머물게 하는 것도 그다지 바람직하지 않았습니다. 녀석에게 나쁜 영향을 미칠까 걱정되었기 때문이죠. 직원들 각자의 의견도 분분한 상황에서 고민은 깊어져만 갔습니다.

"그래! 우리가 겨울잠을 재워 주자!"

"우리가 뱀을 겨울잠에 들게 하자고? 그게 가능해?"

동물에게 인공적으로 비슷한 조건을 맞춰 주어 겨울잠을 마저 자게 돕자는 것이었습니다. 불가능한 이야기는 아닙니다. 그게 성공한다면, 다른 방법보다 훨씬 더 좋은 효과를 거둘 것입니다. 하지만 그동안 시도한 적이 없는 터라 어떤 조건을 갖춰야 하는지, 성공 가능성은 얼마나 되는지를 알 수가 없었습니다. 그때부터 직원들은 뱀의 겨울잠과 누룩뱀의 생태를 공부하기 시작했고 전문가에게 자문도 구했습니다. 온도는 어느 정도를 유지해 줘야 하는지, 그러기 위해선 무엇이 필요한지, 또 겨울잠은 얼마나 재워야 하는지를 알기 위해서였습니다.

강제로(?) 겨울잠을 자게 된 누룩뱀.

많은 고민과 논의

끝에 누룩뱀을 겨울잠에 들게 하자고 결정했습니다. 스티로폼 상자에 작은 숨구멍을 뚫고, 잘게 찢은 신문지와 물그릇을 제공한 후 누룩뱀을 놓은 뒤에 뚜껑을 닫아 냉장고에 넣었습니다. 냉장고 내부의 낮은 온도가 겨울철 자연환경의 외부 온도이고, 스티로폼이 겨울잠을 자는 땅속의 역할을 하는 셈이죠. 누룩뱀의 예상 기상 일은 두 달 후인 3월이었습니다.

누룩뱀이 냉장고에 들어간 후부터 직원들의 궁금증은 하루하루 커져만 갔습니다. 겨울잠은 잘 자고 있는지, 오히려 녀석에게 무리가 되는 것은 아닌지 확인하고 싶었지만, 혹시라도 기껏 잠든 겨울잠을 깨울까 봐 스티로폼 상자를 열어볼 수도 없었습니다. 녀석의 안부는 3월이 되어야 확인할 수 있었습니다.

마침내 따스한 햇볕이 봄이 왔음을 알렸습니다. 직원들이 그토록 궁금해하던 누룩뱀의 안녕을 확인할 순간이 다가온 것이죠. 재활사가 누룩뱀이 잠든 상자를 냉장고에서 꺼냈고, 직원들이 이를 에워쌌습니다.

"이제 깨어났겠지? 제발 무사했으면 좋겠다……."

긴장과 설렘을 안은 채 상자의 뚜껑을 연 순간 지켜보던 직원 모두 탄성을 터뜨렸습니다. 어느새 깨어난 누룩뱀이 혀를 날름거리며 우리를 빤히 쳐다보는 게 아니겠어요. 혹시나 하는 마음에 간단한 검사와 엑스레이를 찍어 상태를 확인하니 바로 자연으로 돌려보내도 될 만큼 건강했습니다.

누룩뱀을 데리고 근처 동산에 올랐습니다. 이제 막 돋는 새순들로 생기를 되찾기 시작한 주변 풍경이 녀석과 똑 닮아 있었습니다. 바닥에 내려 주니 누룩뱀은 천천히 앞으로 나아갔습니다. 그러더니 떨기나무에 올라 가만히 햇볕을 쬐기 시작했습니다. 얼마나 따사로울까요? 우리가 느끼는 봄, 녀석이 느끼는 봄이 다르지 않나 봅니다. 조금씩 멀어지는 녀석의 등 뒤로 다시는 냉장고 더부살이가 없기를, 그래서 해마다 봄 햇살을 맘껏 즐기며 살아가기를 바라봅니다.

겨울잠에서 깨어나 자연으로 돌아갈 준비를 마친 누룩뱀.

두 달만에 세상으로 나온 누룩뱀이 햇볕을 쬐고 있다.

보신 문화와 뱀

가을에서 겨울로 넘어가는 시기, 뱀을 구조해 달라는 신고가 들어오면 구조센터 직원들은 바짝 긴장합니다. 뱀을 다루는 것이 무서워서가 아니라, 적게는 수십 마리에서 많게는 수백 마리를 한꺼번에 구조해야 할 수도 있기 때문이죠. 일종의 트라우마입니다. 몇 마리 정도를 구조하는 일이야 가끔 있지만, 수백 마리를 구조해야 하는 경우도 드물게 있습니다. 그럴 때면 녀석들을 살펴야 할 직원들은 말 그대로 '멘붕'에 빠질 수밖에요. 그렇다면 왜 이렇게 많은 뱀이 한꺼번에 구조되는 걸

감시 과정에서 수거된 뱀 덫.

까요?

　우리나라에 서식하는 모든 뱀은 동면, 즉 겨울잠에 듭니다. 추운 겨울이 찾아오기 전에 부지런히 잠자리를 찾아 이동하죠. 대개 산속의 돌이나 나무의 뿌리 틈, 낙엽 더미의 깊숙한 곳이 녀석들의 겨울을 책임질 보금자리입니다. 하지만 이 겨울잠을 자러 가는 길 자체가 모험입니다. 뱀들의 습성을 아는 일부 사람들이 녀석들의 이동 경로를 막고, 곳곳에 덫을 놓아 포획하기 때문이죠. 다행히도 등산객이나 밀렵감시원에게 발견되면 구조되어 보호센터에 들어오게 됩니다.

　이처럼 많은 뱀이 덫에 갇힌 채 들어오면 직원들이 가장 먼저 하는 일은 서로 엉켜 있는 뱀들을 풀어내는 일입니다. 정말 수십, 수백 마리의 뱀이 어지럽게 뒤엉켜 있거든요. 좁은 공간에 너무 많은 녀석들이 머물다 보니 폐사에 이르기도 합니다.

건강원에서 불법으로 포획한 뱀이 무더기로 적발되었다.

이 중에는 공격성이 강하거나 독을 지닌 종도 있으니 조심 또 조심해야 합니다.

그렇다면 대체 누가, 무슨 이유로 뱀을 이렇게나 많이 포획하는 걸까요? 문제의 답은 여전히 그릇된 보신補腎 문화에 있습니다. 과거보다 많이 줄었다고는 하지만, 여전히 야생동물을 먹으면 몸에 좋다는 근거 없는 이야기가 떠돌고, 또 누군가에겐 솔깃한 유혹이 되고 있습니다. 하지만 이는 대부분이 터무니없는 헛소문에 불과합니다. 건강 회복은커녕 오히려 야생동물이 지닌 기생충이나 질병에 옮을 가능성이 훨씬 큽니다. 특히나 야생동물의 포획과 거래는 불법적으로 이루어지는 경우가 대부분이라서 소비자에게 전달될 때까지 굉장히 비위생적인 과정을 거칠 수밖에 없습니다. 설령 몸에 좋다 한들, 불법을 자행하면서까지 이뤄지는 일에 절대 면죄부를 줄 수 없습니다. 현재 허가받지 않은 이가 야생동물을 포획, 유통, 거래하면 처벌의 대상이 됩니다. 판매하는 사람도, 구매하는 사람도 법을 어기는 것이지요.

누구에게나 건강하게 오래 살고 싶은 욕구가 있습니다. 하지만 그 욕구가 올바르게 제어되지 않는다면, 또 다른 생명이 희생되고 맙니다. 어느 누구도 그렇게 죽고 싶지 않을 겁니다. 야생동물도 마찬가지 아닐까요?

봄
—

제비

———

우리는 흥부일까, 놀부일까?

　우리에게 무척이나 친숙한 새가 있습니다. 전래동화 〈흥부와 놀부〉에서 자신에게 도움의 손길을 건넨 착한 흥부에게는 복이 가득 담긴 박씨를, 욕심이 지나쳐 다른 사람에게 피해를 끼친 놀부에게는 도깨비가 나오는 박씨를 물어다 준 '제비'가 그 주인공입니다. 제비의 습성은 조금 특이합니다. 대부분의 야생동물은 천적이나 다름없는 사람의 거주지 부근에서 살아가기를 꺼리는데, 제비는 정반대로 우리와 가까이, 그것도 놀랄 정도로 아주 가까이에서 살아갑니다.

우리에게 매우 친숙한 새, 제비.

　이처럼 특이한 제비의 습성은 유독 번식기에 두드러지는데요. 과거에 비해 제비의 수가 많이 줄었다곤 하지만 지금도 가끔 처마 밑에 튼 제비 둥지를 쉽게 볼 수 있습니다. 사람이 사는 곳에 녀석들도 떡하니 거주지를 마련하는 것이죠. 심지어 자기 둥지 아래서 사람들이 소란스레 떠들고 돌아다녀도 녀석들은 무던히도 새끼를 길러냅니다.

　제비가 사람의 거주지에서 함께 살아가는 이유는 분명해 보입니다. 사람이라는 존재가 자신에게 위협이 되긴 하지만 그럴 가능성을 다소 낮게 보는 거죠. 더 나아가 사람이라는 위험을 감수하는 대가로 보다 더 위험한 다른 천적의 접근을 피할 수 있다고 판단한 겁니다. 실제로 사람을 극도로 두려워하는 다른 야생동물이 제비를 포식하려고 사람의 거주지 주변에 머물기에는 그 위험 부담이 너무 크니까요. 일종의 생존 전략인 셈이죠. 제비는 하늘이나 습지, 수면 위를 날아다니며 날벌레를 잡아먹습니다. 사람의 거주지 주변과 농경지가 즐비한 시골에는 이러한 날벌레가 많아 먹이를 확보하기도 쉽고요.

하지만 오늘날을 살아가는 제비에게 큰 위험이 드리운 것은 확실합니다. 도시화, 산업화를 거치면서 주택의 구조와 토지를 이용하는 방식에 변화가 일어났기 때문입니다. 멋들어지게 늘어진 처마를 지닌 과거의 주택은 네모반듯한 아파트와 빌딩으로 변해갔죠. 또 둥지를 짓기 위해 진흙을 물어 나르던 물웅덩이와 습지는 어느새 시멘트와 아스팔트로 뒤덮였습니다. 이제 도심에서 제비를 만나기란 우연을 기대해야 하는 어려운 일이 되어 버렸습니다.

함께 살아가길 원하던 제비의 바람은 우리의 급속하고, 일방적인 변화로 빛바래 가지만, 그래도 제비는 포기하지 않았습니다. 시골집과 전통 시장의 처마에 여전히 녀석들이 머물고 있지요. 하지만 이곳의 제비 역시 순탄한 삶을 살아간다고 말하긴 어렵습니다. 거주지와 농경지 부근의 날벌레를 잡아먹는 탓에 살충제에 쉽게 노출되면서 살충제에 중독되거나 번식 장애로 이어지는 경우도 왕왕 관찰됩니다. 또 함께 살아갈 것이라 믿어 의심치 않

누군가 일부러 떼어 낸 제비 둥지. 그나마 신고가 되어 다행이지만…….

왔던 사람에 의해 번식에 실패하는 일도 쉽게 목격되죠.

제비를 내쫓는 사람들의 이유는 분명합니다. 자신이 살아가는 거주지에
녀석들이 남긴 배설물이나 흔적이 지저분하고 싫기 때문이죠. 그래서 둥지
를 짓는 제비를 내쫓거나 방해하기도 하고, 애써 지어 놓은 둥지를 떼어 내
기도 합니다. 제비가 둥지를 틀면 대개 네다섯 개의 알을 낳습니다. 부화한
새끼는 약 3주 정도가 지나면 둥지를 떠나는데, 여름 내 한 둥지에서 두 번
의 번식을 진행하기도 하죠. 그렇다면, 길어야 두세 달 정도 제비가 머문다
는 뜻이 됩니다. 제비가 머물면 누군가에겐 불편한 것이 사실입니다. 둥지

아래로 떨어지면서 쌓이는 배설물이 더럽게 느껴지고, 녀석들이 물고 온 먹이의 흔적이나 빠진 깃털 따위로 주변이 지저분해져서 불쾌할 수도 있습니다. 그런 이유로, 제비의 번식을 방해하는 사람들을 보면 안타깝지만 그러지 말라고 강요할 수도 없는 노릇이죠.

하지만 아무래도 아쉽습니다. 제비가 남기는 그런 흔적들이 수백 번 진흙과 지푸라기를 물어 날라 겨우 작디작은 둥지를 만들어 새끼를 길러 내는 제비의 노력보다 더 중요하게 고려해야 할 사항일까요? 제비의 존재 자체가 싫고, 혐오스러운 것이 아니라면 번식을 방해하지 않고도 제비 때문에 받는 피해를 줄이는 방법을 충분히 고민해 볼 수 있는데 말이죠. 배설물이 떨어지는 것이 싫다면, 둥지 아래에 받침대를 놓아 바닥에 쌓이는 것을 막은 후 번식이 끝나면 제거하는 방법도 있습니다.

물론 대다수 사람들은 제비와 함께 살아가고자 노력하고 있습니다. 둥지에서 새끼가 떨어지거나, 둥지 자체가 무너져 내려 위기에 처한 제비 가족

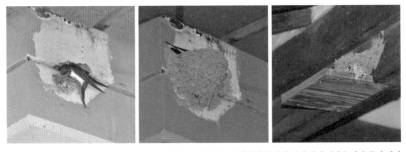

진흙을 수백 번 물어 날라 둥지를 만드는 제비. 배설물이 떨어지는 것이 싫다면 제비 둥지 밑에 밑판을 달아 주면 어떨까?

을 도와달라는 연락도 많이 받습니다. 현장에서 만난 이들은 한결같이 진심으로 제비를 걱정하고, 도움을 주고 싶어 했습니다.

단순히 새끼가 떨어진 것이라면, 그 과정에서 외상이나 자세 이상이 발생하지는 않았는지 관찰한 후 문제가 있다면 구조센터로, 그렇지 않다면 다시 둥지로 넣어주는 것이 가장 바람직합니다. 보통 제비 둥지는 그리 높지 않은 곳에 있기에 사다리만 있으면 어렵지 않게 제자리로 돌려보낼 수 있죠.

가끔 둥지 자체가 우수수 무너져 내리는 일도 발생합니다. 이 과정에서 새들이 다치지 않았더라도, 둥지가 사라졌기 때문에 계속해서 어미의 보호를 받으며 지내기가 어려울 거라 단정 짓는 경우가 많은데, 꼭 그렇지도 않습니다. 우리가 둥지를 새로 달아 주면 됩니다.

야생동물과 관련된 널리 알려진 정보 가운데 많은 이들이 오해하는 부분이 바로 이것입니다. 새끼 동물을 사람이 만지면, 냄새가 배어 어미가 더는

다시 돌아온 어미 제비. 어미는 절대로 새끼를 쉽게 포기하지 않는다.

돌보지 않는다는 것이죠. 이는 거짓 정보에 가깝습니다. 특히나 둥지에서 떨어져 사람이 다시 올려주는 정도의 접촉이라면 어미가 새끼를 돌보지 않을 리 없습니다.(그러나 떨어진 후 시간이 오래 흘렀다면 어미가 이미 번식을 포기했을 수 있어요.) 그뿐만 아니라 많은 어미 새들은 둥지 모양이 조금 변했다고, 새끼가 새로운 둥지로 옮겨졌다고 쉽게 번식을 포기하지 않습니다. 물론 위치가 심하게 달라지면 안 되겠죠.

둥지를 새로 달아 줄 때는 제비가 가장 선호하는 진흙으로 마치 그들이 지은 것처럼 정교하게 만들 필요는 없습니다. 우리 주변에게 쉽게 구할 수 있는 바구니나, 플라스틱 용기처럼 가운데가 움푹 파여 있어 둥지의 역할을 하는 그 어떤 것이라도 괜찮습니다. 둥지가 있던 장소에서 멀리 떨어지지 않은 위치에 준비한 용기를 붙인 후 새끼를 다시 넣어 주면 끝이죠. 그전에 빗물이 고이지 않도록 용기 바닥에 배수 구멍을 작게 내주는 것이 좋고, 그 위에 수건, 낙엽, 진흙 같은 바닥재를 적당히 깔아 주면 보온이나 완충, 미끄

떨어진 둥지 대신 플라스틱 용기를 달아 주었다.

러짐 방지에 효과적입니다. 너무 무거워서 다시 떨어질 위험이 있거나, 내구성이 약한 용기, 지나치게 깊거나 재질이 미끄러워 새끼들이 움직이기 불편한 용기는 피하는 것이 좋습니다. 물론 교체된 둥지를 관찰하며 어미가 계속해서 새끼를 돌보는지 반드시 확인해야겠죠?

전래동화에서 제비는 우리에게 인류가 추구하는 보편적 가치를 일깨워 줬습니다. 지나친 욕심을 버리고, 나와 다른 존재를 배려하며 살아가자는 교훈 말이죠. 이제는 그 가치를 나부터 실천해 보면 어떨까요? 그리 어렵지 않습니다. 우리 집, 가게 처마 밑에 제비의 배설물이 쌓이는 것을 이해하고,

혹시 모른다. 제비가 우리에게 행복이라는 박씨를 물어다 줄지.

떨어진 새끼 제비를 둥지에 올려주고, 바구니나 그릇을 이용해 대체 둥지를 만들어 주는 노력 말입니다. 무엇보다 함께 살아가자고 내민 제비의 손을 잡아줄 따뜻한 마음, 그거면 충분하지 않을까요?

둥지에서 떨어진 새끼 새

꼭 우리 집에 새가 둥지를 틀지 않아도, 위기에 처한 새끼 새를 만나게 되면 어떤 도움을 줄 수 있을까요? 혹은 둥지에서 떨어진 새끼 새를 발견했을 때 어떻게 대처하면 좋을까요?

먼저 구조가 필요한 상황인지 아닌지를 판단해야 합니다. 이때에는 동물의 발달 정도, 어미와 둥지의 존재 여부, 외상의 여부, 주변 환경을 살펴야 합니다.

아직 이소★ 離巢 시기에 이르지 못한 새끼 새가 둥지에서 떨어졌다면, 최선의 방법은 다시 둥지 위로 올려주는 겁니다. 가능하면 본래의 둥지에 올려줘야겠지만 둥지가 너무 높이 있다면 아쉬운 대로 대체 둥지를 만들어 근처에 놓아두면 됩니다. 대체 둥지가 될 만한 바구니나 박스에 나뭇잎, 솔잎 따위를 넣어서 적당한 높이에 달아주기만 해도 어느 정도 둥지 역할을 할 수 있습니다. 물론 그 전에 새끼 새의 상태를 잘 살피고 필요하다면 간단한 처치를 해 줘야 합니다. 떨어지면서 충격으로 다쳤을 수도 있으니까요.

이소하기에는 아직 이른 새끼 딱새.

★ 새끼 새가 어느 정도 성장해 둥지를 벗어나는 행위. 하지만 어미로부터 독립을 의미하는 것은 아니다.

둥지 자체가 훼손된 솔부엉이 가족에게 인공 둥지를 설치해 주었다.

그런데 새끼 새가 서툴기는 해도 날개를 이용해 짧은 거리라도 이동할 수 있고, 몸에 별다른 이상 없이 활력이 넘친다면, 정상적인 이소 과정에 있다고 판단해도 좋습니다. 이런 경우, 포식자의 접근을 피할 수 있는 구조물이나 나무 위에 올려주는 것만으로도 충분한 도움이 됩니다.

반면, 정말로 문제가 생겨 구조가 필요한 경우도 있습니다.

첫 번째, 떨어지는 과정에서 몸 일부를 다쳐 활동에 문제가 생겼을 때입니다. 다리나 날개가 비대칭의 모습을 보이거나 움직임이 비정상적이며 혈흔이 관찰될 때에는 반드시 치료가 필요하므로 망설이지 말고 구조해야 합니다.

두 번째, 떨어질 당시에는 큰 문제가 없었지만 시간이 지나면서 기아와 탈진으로 쇠약해진 경우입니다. 새끼 새가 계속해서 눈을 감고 있거나 힘없이 서 있고, 공격성이나 경계 반응이 약해졌다면 당장 둥지에 올려주기보다는 먼저 충분히 영양을 공급해 기력부터 회복시켜 주어야 합니다.

지금 막 둥지를 뛰쳐나온 곤줄박이.

세 번째, 당장 구조하지 않으면 위험한 상황에 처하게 되는 경우입니다. 발견 장소가 도로여서 차량에 치일 위험이 있다거나 근처에 포식자가 머물고 있어 공격받을 가능성이 있다면 일단 구조를 진행하고, 그다음을 고민하는 것이 바람직합니다.

갓 태어난 새끼동물들의 삶은 불안정하기 짝이 없습니다. 아직 나약한 그들에게 세상은 온통 처음이라는 생경함에서 오는 두려움 자체니까요. 둥지에서 벗어나 처음 날갯짓을 하거나 하늘에 몸을 던지는 것 역시 꼭 필요하고 무척이나 자연스러운 일이지만 말처럼 쉽지는 않을 겁니다. 그래도 위기를 계단 삼아 천천히 오르고 또 오르면 언젠가 저 하늘 위에서 멋진 비행을 선보이는 야생의 주인공이 될 수 있지 않을까요? 물론 우리가 녀석들을 도와줘야겠지요.

아직 비행이 온전하지 못한 새끼 박새가 위험한 도로에 앉아 있다.

수리부엉이

당신의 개와 고양이

야생동물구조센터로 들어오는 동물들의 구조 원인은 무척이나 다양합
니다. 로드킬, 충돌, 중독, 밀렵, 미아, 납치, 감염 같은 수많은 요인이 야생동
물을 위협하고 있습니다. 그중에는 다소 생소한 구조 원인도 있습니다.

새 생명이 피어나는 시기에 어린 수리부엉이 한 개체가 어미를 잃은 채
발견되었습니다. 여기까지는 다른 새끼 동물과 다를 바 없는 '미아'라는 원
인입니다. 미아로 구조되는 새끼 동물들이 몸에 문제가 있는 경우는 그리
많지 않습니다. 허나 이 수리부엉이는 그렇지 못했습니다. 한쪽 날개를 늘

어뜨린 채 왼쪽 눈의 동공이 풀려 있었으며 고개도 약간 흔들리는(신경 손상 의심) 상태였습니다. 구조 당시 몸에는 날카로운 무언가에 깊게 파인 상처가 있었고요. 과연 무엇이 수리부엉이에게 상처를 입혔을까요? 다름 아닌 '개'였습니다. 그것도 사람이 기르는 '반려견' 말입니다.

솜털이 보송보송하게 나 있던 어린 수리부엉이.

상황은 이러했습니다. 반려견과 함께 산책을 하던 주인은 인기척이 없는 조용한 곳에 다다르자 잠시나마 자유롭게 뛰어놀도록 개의 목줄을 풀어 주었고, 그렇게 자유를 만끽하던 반려견은 작은 기척이 느껴지자 별안간 어디론가 쏜살같이 달려갔습니다. 놀란 주인이 급하게 따라가 보니 이미 반려견의 입에는 새 한 마리가 물려져 있었고요. 날개를 푸드덕거리며 고통스러워하는 새의 모습과 순하고 착하기만 했던 반려견의 낯선 모습을 마주한 주인은 깜짝 놀라 미처 말릴 수도 없었다네요. 주인이 가까스로 정신을 차리고 녀석의 입에서 새를 떼어 내니 이미 새는 피를 흘리며 날지 못하는 상태여서 신고를 했다고 합니다.

도착한 현장을 살펴보니 인적도 드물고, 곳곳에 산재해 있는 다양한 식생으로 보아 충분히 여러 야생동물이 살아가고 있을 환경으로 보였습니다.

신고자의 곁에는 좀처럼 흥분이 가라앉지 않은, 개가 여전히 수리부엉이를 향해 매섭게 으르렁거리고 있었고요. 당황한 주인이 말했습니다.

"이상해요. 우리 강아지가 평소에 얼마나 착한데…… 오늘따라 왜 이러는지 모르겠어요."

수리부엉이를 데리고 구조센터에 도착한 후, 우선 목에 난 상처를 확인하기 위해 촘촘하게 덮인 깃털을 걷어내 보았습니다. 아니나 다를까, 개의 이빨 자국으로 생긴 구멍이 선명하게 드러나 있었습니다. 다행히 상처 부위

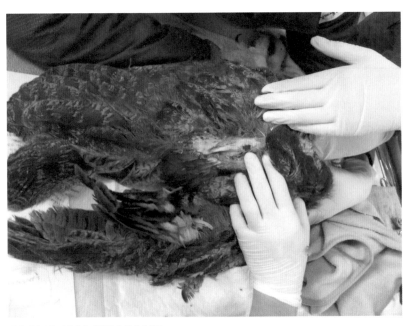

개의 날카로운 이빨에 물려 상처가 깊게 파였다.

의 출혈은 멎어 있었지만 고개가 계속 같은 방향으로 돌아가거나 양쪽 눈동자의 크기가 다른 것은 큰 문제였습니다.

왼쪽 눈의 홍채 조절 능력을 상실한 수리부엉이.

"빛을 비춰 보아도 좌측 눈의 동공반사가 이루어지질 않아."

녀석의 눈에 밝은 빛을 비춰 보았습니다. 빛을 비출 때마다 줄어드는 오른쪽 눈동자, 하지만 왼쪽 눈동자는 아무런 반응이 없었습니다. 반려견에게 공격받는 과정에서 홍채를 조절하는 신경에 손상이 가해졌기 때문이었습니다. 홍채는 환경의 변화에 따라 눈동자의 크기를 조절해 안구 내로 들어오는 빛의 양을 조절합니다. 그런데 이런 상태라면 사실상 왼쪽 눈은 시력을 잃은 것과 다름없었습니다. 한번 손상된 신경은 치료가 매우 어렵습니다. 나아지길 기대하기보다는, 이 조건에 적응해서 살아갈 수 있는지를 판단하는 것이 오히려 현실적입니다. 이 수리부엉이는 결국 오랜 시간 구조센터에 머물면서 시력을 비롯한 신경 손상의 후유증과 극복 여부를 검사받아야 했습니다.

사람들은 하늘을 나는 새가 땅에 사는 개나 고양이에게 공격받는 일이 그리 흔하지는 않을 거라고 생각합니다. 하지만 이 수리부엉이처럼 아직 어리거나 비행이 서툰 경우 갑작스러운 공격을 피하기가 어렵습니다. 실제로 많은 야생 조류가 개나 고양이에게 공격받는데, 미국에서만 연간 20억 마리의 조류가 고양이에게 물려 희생되고 있다는 연구 결과가 있습니다. 마찬가지로 포유류나 양서류, 파충류도 이러한 사고에 쉽게 노출되곤 합니다.

물론 야생에서 살아가는 들개나 길고양이에게 공격당하기도 하지만 이 경우에는 어느 정도 이해할 수 있습니다. 다른 생명체를 잡아야 그들도 살아갈 수 있기에, 즉 생존을 위한 사냥이었을 것입니다. 그런데 문제는 사람의 품에서 길러지는 반려견, 반려묘에게도 많은 야생동물이 돌이킬 수 없는 사고를 당한다는 데 있습니다. 반려동물에게 야생동물을 사냥하는 것은 말 그대로 '놀이'에 불과합니다. 안락한 보금자리와 안정적인 먹이 섭취가 가능한 상황에서 사냥은 단순한 호기심 충족에 불과합니다. 반려동물의 호기심과 본능을 충족시켜 주는 것이 그들의 삶을 더 즐겁게 할 수도 있습니다. 하지만 그런 이유로 희생되어야 할 만큼 야생동물의 삶은 가볍지 않습니다.

누군가는 이렇게 이야기합니다. 이것 역시 어쩔 수 없는 본능이고, 먹이사슬이나 약육강식의 법칙에 해당하니 괜찮은 것 아니냐고. 과연 이 이야기가 반려동물과 야생동물 사이에서도 적용되는 걸까요? 사실 먹이사슬과 약육강식은 포식자와 피식자의 관계라고 해서 무조건 성립되는 단순한 개념은 아닙니다. 오랜 기간, 생태계 내에서 같은 서식지를 공유하며, 지속적으로 상호작용을 하는 가운데 서로가 협력하거나 경쟁하고, 서로의 개체 수를 조절하는 데 영향을 미치게 됩니다. 즉 야생에서 저마다의 생태적 지위를 갖게 된 동물들의 세계에서나 적용되는 개념입니다. 가정집에서 사료를 먹다가 밖에 나와 간혹 다른 야생동물을 공격하는 것은 자연의 법칙이 아닌, 오히려 생태계를 교란하는 경우에 가깝습니다. 하지만 이것은 반려동물의 잘못이 아닙니다. 그들은 본능대로 호기심을 충족하려는 것뿐이죠. 문제는 이러한 본능과 호기심을 제어시켜 주지 않은 '사람'에게 있습니다.

수리부엉이는 오랜 기간 구조센터에 머물렀습니다. 시력을 상실한 눈은 둘째 치더라도, 돌아가던 고개가 나아지고, 처졌던 날개를 조금이라도 사용할 수 있게 기대하면서 말입니다. 실제로 조금씩 좋아지는 모습을 보이기도 했지만, 갑작스럽게 자극이 가해지거나 낯선 환경에 마주하면 다시 고개가 돌아가고 날개를 심하게 떨며 내려뜨렸습니다. 그런 녀석이 자연에서 생존할 리 만무했습니다. 결국 우리는 녀석의 분투에도 불구하고 안락사를 시행할 수밖에 없었습니다.

많은 사람들이 자신의 반려동물을 평생 아껴주고 보호해 주면 주인으로서 역할을 다하는 것이라 생각하지만 절대 그렇지 않습니다. 자신의 반려동물을 보호하는 것 외에도 그 반려동물이 피해를 끼칠 수 있는 상황을 미리 차단하려는 노력과 다수에 대한 배려가 함께 이뤄져야 합니다. 이는 이웃주민에게도,

자연으로 돌아갈 수 없는 수리부엉이에게 결국 안락사를 시행했다.

산책길에 만나는 다른 반려동물에게도 그리고 야생동물에게도 해당됩니다. 목줄 없이 뛰어놀 수 있는 반려동물의 자유와 야생동물의 생명, 무엇이 더 중요할까요?

일 년 전 그날, 수리부엉이가 반려견을 만나지 않았더라면 지금쯤 어떤 삶을 살아가고 있을까요. 아니, 우리의 무관심과 부주의만 아니었더라면 지금쯤 하늘을 날고 있지 않았을까요…….

비둘기와 참새도 야생동물

집 밖으로 나가 주위를 둘러보면 어떤 야생동물을 볼 수 있을까요?

'난 야생동물을 본 적이 없어'라고 생각할지 모르지만 우리가 의식하지 못한 채 쉽게 만나는 참새, 까치, 멧비둘기, 다람쥐 역시 야생동물입니다. 야생동물이란 이처럼 거창한 것이 아니죠. 보호해야 하는 귀한 동물만이 야생동물인 것도 아닙니다.

야생에서 자신들의 삶을 써내려 가는 모든 동물이 야생동물임을 머리로는 알지만, 정작 그들을 대하는 우리의 자세는 그렇지 않습니다. 앞서 말한 참새, 까치, 멧비둘기와 같은 동물들 말이죠. 자주 접하다 보니 감정이 무뎌진다고나 할까요. 출근길 만나는 참새를 보며 매일 가슴 벅찬 사람이 있을까요? 드물고 귀한 것은 오래 기억하지만 흔한 것은 금방 잊히기 마련이죠. 특별하다고 생각하면 처음 만난 날의 날씨, 주변 풍경과 소음까지 기억하지만 멧비둘기를 처음 만난 날이 언제, 어디인지 기억하기는 어렵습니다. 어찌 보면 당연하고 자연스러운 모습이지만 그들의 생명을 책임지고, 그들의 삶을 지켜 나갈 사람들에겐 경계

멧비둘기.

새끼 고라니.

하고 멀리해야 할 자세입니다.

여행비둘기 혹은 나그네비둘기라 불리던 새가 있었습니다. 한때, 하늘을 새까맣게 뒤덮으며 이동했다는 기록이 있을 정도로 개체 수가 많았고, 그 무리가 얼마나 장대한지 비둘기 구름이라 부르기도 했다고 합니다. 많은 개체 수 때문인지 멸종에 대한 걱정 따윈 전혀 없었습니다. 심지어 그들을 사냥하는 것이 일종의 인기 스포츠처럼 되었죠. 무분별하게 다뤄진 녀석들은 점차 사라져 갔고, 1914년 미국 오하이오 주에 있는 신시내티 동물원에서 마지막 한 마리가 죽으며 지구상에서 다시는 볼 수 없게 되었습니다.

우리 주변에도 여행비둘기와 같

여행비둘기. ⓒCORBIS

은 길을 걷고 있을지 모를 동물들이 있습니다. 고라니, 까치, 오리, 꿩, 멧비둘기, 참새, 다람쥐, 청서를 비롯한 수많은 야생동물이 그러합니다. 너무 작아서인지, 그들의 감정을 느낄 수 없어서인지는 몰라도 더 가벼운 생명으로 취급받는 양서류와 파충류, 어류, 곤충도 마찬가지입니다. 파리와 모기까지 사랑하라는 것도, 존중하며 살생을 멈추라는 것도 아닙니다. 하지만 현실이 어떻든 그들 또한 한 생명이란 사실은 늘 마음속에 새겨야 하지 않을까요? 이 작은 사실 하나가 어쩌면 우리의 삶에 큰 변화를 가져올지도 모릅니다. 적어도 오늘 마주한 멧비둘기와 참새에게 존재해 줘서 고맙다고 인사를 건네 보는 건 어떨까요?

참새.

봄
—

하늘다람쥐

교무실에 나타난 숲의 요정

"거기 야생동물구조센터죠? 여기 ○○고등학교인데요, 교무실에 하늘다
람쥐가 나타났어요."

작은 몸에 반짝이는 구슬마냥 큰 눈을 가진 설치류가 있습니다. 귀여운
외모로 숲에서 나무를 오가며 생활하는 녀석을 두고 '숲의 요정'이라고도 부
르죠. 바로 하늘다람쥐가 그 주인공입니다. 커다란 눈은 하늘다람쥐가 야
행성이라는 것을 이야기해 줍니다. 또 잘 발달된 발톱으로 가파른 나무도
손쉽게 오르내립니다. 하지만 하늘다람쥐의 몸에서 가장 특이한 것은 역시

갑작스레 교무실에 나타난 하늘다람쥐.

'날개막'입니다. 하늘다람쥐는 앞다리와 뒷다리 사이에 피부로 된 막을 지니고 있는데 이를 이용해 나무에서 나무로 행글라이더처럼 활강하여 옮겨 다닐 수 있습니다. 이런 모습을 보고 '날다람쥐'라고도 부르는데, 엄밀히 말하면 하늘을 나는 것은 아닙니다. 단지 조금 더 오래 떠 있을 뿐입니다. 이때에는 평상시 등에 붙이고 다니던 복슬복슬하고 넓은 꼬리가 균형 잡는 역할을 하죠.

  교무실의 문을 열고 들어서니 가장 먼저 커다란 화이트보드가 반겨 주었습니다. 화이트보드에는 '날돌이'라는 글자와 함께 하늘다람쥐의 모습이

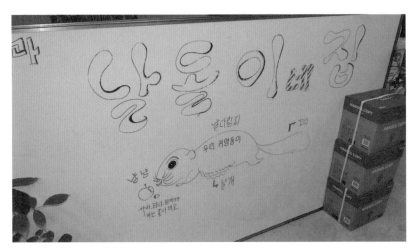

학생들은 뜻밖의 손님을 반갑게 맞아 주었다.

그려져 있었고요.

"우리가 '날돌이'라고 이름을 붙였어요! 도토리랑 사과를 주니까 잘 먹더라고요. 그나저나 하늘다람쥐는 처음 봤어요! 우리 학교 근처에 살고 있을 줄이야……."

갑작스럽게 나타난 하늘다람쥐에 놀란 것도 잠시, 학교 선생님들과 학생들은 녀석에게 관심과 사랑을 듬뿍 쏟고 있었습니다. 이 작은 생명이 너무나 귀엽고 안쓰러웠기 때문이었을까요? 학생들은 저마다 사과와 도토리 따위를 구해 와 하늘다람쥐에게 먹이를 주고 있었습니다.

현장에서 만난 하늘다람쥐는 아직 어린 새끼였는데 별 다른 이상은 없어 보였습니다. 그나저나 나무가 우거진 숲속에서 살아야 할 하늘다람쥐가 어쩌다가 학교 안까지 들어왔는지 알아보려고 주변을 살펴보았습니다. 학교 뒤쪽으로 큰 산이 보였습니다. 널찍한 숲에는 다양한 식생이 존재하는 만큼 하늘다람쥐가 서식하기에 충분해 보였습니다. 그렇다면, 산에서 살던 하늘다람쥐가 분만을 위해 적절한 장소를 찾다가 학교 근처까지 오게 되었고, 어쩌다 보니 건물에 와서 구멍이나 틈을 통해 천장으로 들어가 새끼를 낳게 되었을 것으로 추측되었습니다. 보통의 하늘다람쥐는 숲 속의 나무 구멍을 은신처로 사용하죠. 그곳에서 나무껍질, 풀잎, 나뭇가지와 같은 것을 이용해 동그랗게 보금자리를 만든 후 새끼를 낳아 길러 내는데, 학교 천장의 어두운 공간이 어쩌면 마음에 들었을 수도 있겠습니다. 그러던 중 호기심 많은 새끼 한 녀석이 구멍을 통해 내려왔다가 미처 돌아가지 못하고 사람의 눈에 띈 것입니다.

하지만 언제까지 학교 안에서 살 수는 없는 법! 야생동물이라면 야생에서 살아가는 것이 가장 바람직하기에 다시 어미에게 돌려보내기로 했습니다.

"아마 어미가 녀석을 애타게 찾고 있을 거예요. 가능하다면 최대한 빨리 가족의 품으로 보내주는 게 좋겠어요."

일단 녀석이 어디로 나왔는

지켜보는 사람들의 애타는 마음을 아는지 모르는지 사과 먹기에 열중인 녀석.

지를 찾는 것이 우선이었습니다. 이리저리 살펴보니, 교무실 구석 천장에 녀석이 떨어졌을 것으로 보이는 작은 구멍이 있었습니다. 바로 녀석을 구멍 안으로 넣어줄 수도 있지만, 사람의 손에서 이틀간 보살핌을 받

하늘다람쥐를 안전하게 돌려보내기 위해 임시로 머물 공간을 마련했다.

은 새끼를 어미가 다시 데려갈지는 확신할 수 없었습니다. 또 어미가 다른 새끼들과 이미 이곳을 떠났을지도 모르는 상황이고요. 구멍 아래에 임시로 새끼가 머물 공간을 만들어 준 후, 하루이틀 정도 어미가 나타나 다시 새끼를 데려가는지를 지켜보기로 했습니다. 하지만 사람이 계속해서 근처에 머문다면, 오히려 어미가 접근하지 않을 수 있으니 카메라를 설치해 관찰하기로 했습니다.

　꽤 시간이 흘렀는데도 어미는 나타나지 않았습니다. 그럴수록 녀석을 지켜보는 이들의 마음은 까맣게 타들어 갔습니다.

　"어미가 나타나질 않아…… 이미 떠나고 없는 걸까?"

　"조금만 더 기다려보자. 녀석에겐 아직 엄마가 필요하니까."

　아직 배워야 할 것이 많은 어린 녀석이 벌써부터 어미와 떨어지면 나중에라도 자연으로 돌아갔을 때 생존 가능성이 낮아질 수 있습니다. 어미가 나타나지 않는다면 구조센터로 데려가 최선을 다해 돌보겠지만, 되도록 어

미를 만나게 해 주고 싶은 이유가 바로 그 때문입니다. 결국 날이 저물 때까지도 어미는 모습을 보이지 않았습니다. 하늘다람쥐를 그대로 놓아두고 다음 날 아침 일찍 와서 확인해 보기로 한 후 현장에서 철수했습니다.

아침이 밝았습니다. 간밤에 하늘다람쥐가 잘 있었는지, 혹시 어미가 오지는 않았는지 확인하기 위해 급히 현장에 나가 보았습니다.

"없어! 하늘다람쥐가 없어졌어!"

임시로 만들어 두었던 공간에 머물던 새끼 하늘다람쥐가 감쪽같이 사라진 것이 아닌가요? 녀석이 어디로 사라졌는지, 간밤에 무슨 일이 있었는지 알아보기 위해 설치해 두었던 카메라를 확인하기 시작했습니다.

어둠이 내리고 어느 정도 시간이 흐를 때까지 녀석은 그곳에 머물고 있었습니다. 그런데 어느 순간, 천장 구멍에서 또 다른 하늘다람쥐가 고개를 빼꼼 내미는 것이 아니겠어요! 아마도 새끼 하늘다람쥐의 어미나 형제일 것이 확실했습니다. 그렇게 나타난 다른 하늘다람쥐를 따라 녀석은 천장 속으로 사라져 버렸습니다. 그것이 카메라에 담긴 녀석의 마지막 모습이었습니다.

설치해 둔 카메라로 확인하니 녀석은 구멍 밖으로 나타난 다른 하늘다람쥐와 함께 어둠 속으로 사라졌다.

그렇게 하늘다람쥐는 사람의 곁이 아닌 가족과 함께 살 야생의 품으로 돌아갔습니다. 잘 지내라는 인사도 전하지 못하고 녀석을 떠나보낸 학교 선생님과 학생들은 무척이나 아쉬워했습니다. 짧은 시간이었지만 많은 정이 들었나 봅니다. 그래도 그리 멀지 않은 곳에서 녀석이 계속 함께 살아갈 거라는 사실에 즐거워하며, 자연으로 무사히 돌아간 것을 축하해 주었습니다.

갑작스레 나타난 녀석은 우리와 야생동물이 멀리 떨어지지 않은 곳에 함께 살고 있다는 사실을 알려 주었습니다. 자신들이 다큐멘터리 속에서나 볼 수 있는, 상상 속의 존재가 아니라는 것을 말입니다. 그런 그들을 오랫동안 기억해 주는 것. 우리가 줄 수 있는 최고의 선물 아닐까요?

봄과 새끼동물

구조가 아니라 납치랍니다!

동물 구조 요청이 가장 많은 계절은 언제일까요? 바로 햇볕도 따뜻하고 사람들의 발걸음도 가벼워지는 늦봄입니다. 그때가 되면 구조센터 직원들의 마음은 분주해집니다. 우리나라에서 서식하는 야생동물에게 최적의 번식기는 먹이가 풍부한 봄부터 초여름이죠. 때문에 5월부터 7월 사이에 번식이 집중되는데, 이 시기에 새끼동물이 태어나면 야생동물 전체 개체 수가 짧은 기간에 몇 배로 껑충 늘어납니다. 개체 수 자체가 늘어났으니 여러 가지 위험에 의한 사고나, 자연스러운 도태가 빈번해지는 것은 어찌 보면 당연한 일입니다. 그중에서도 나약한 새끼동물은 더더욱 살아남기 어렵습니다. 그런 이유로 이 시기에 야생동물구조센터는 수많은 동물로 북적입니다. 특히나 새끼동물들이 많이 보이는데, 솜털이 보송보송한 수리부엉이를 시작으로 삵, 너구리, 고라니, 황조롱이와 같이 그 종도 다양합니다.

　야생동물의 조난 원인은 여러 가지로 많지만, 비교적 새끼동물의 조난 원인은 단순한 편입니다. 대부분 어미를 잃은 채 미아가 되어 덩그러니 있다가 사람에게 발견되어 구조되죠. 그런데 이 과정에서 우리가 늘 놓치는 무언가가 있습니다.

구조된 다양한 종의 새끼동물들.

센터에 새끼동물 구조 신고가 접수되면, 신고자에게 되도록 많은 정보를 얻으려고 이것저것 물어봅니다. 새끼동물이 어떤 상태인지, 근처에서 어미로 보이는 동물을 목격한 적은 있는지, 새끼 새라면 주변에 둥지로 추정되는 것이 있는지, 주변 환경은 어떠한지 등을 말입니다. 만약 이런 정보를 파악하지 않은 채, 새끼동물을 섣불리 구조하면 '구조'가 아닌 '납치'가 될 수도 있기 때문입니다.

새끼동물을 납치했다니 이게 무슨 소리일까요? 이는 말 그대로 발견되기 직전까지도 어미에게 보호를 받는 정상적인 상황이었는데도, 사람들이 동정심에 앞서 무턱대고 구조하는 걸 뜻합니다. 예를 들어 발견한 새끼동물이 건강하고 주변에 어미로 보이는 동물이 머물고 있다거나, 머물고 있는 장소가 해당 종이 번식을 하는 데 무리가 없는 곳이라면 이는 정상적인 번식의 현장이라는 걸 짐작할 수 있습니다. 새끼가 홀로 있다고 하더라도 어미가 잠깐 먹이를 구하러 갔거나, 사람이 근처에 있으니 잠깐 몸을 숨기고 지켜보는 중일지도 모릅니다. 물론 납치라는 단어가 꽤나 자극적으로 들릴 수 있고, 새끼동물 구조가 무조건 납치로 이어지는 것도 아닙니다. 하지만 부적절한 구조로 애지중지 돌보던 자신의 새끼를 잃고, 애타게 찾아 헤맬 어미의 입장을 생각해 본다면 그리 과한 표현도 아닙니다.

예를 들어 보겠습니다. 고라니는 보통 서너 마리의 새끼를 갈대밭이나 풀숲에 낳아 기릅니다. 그런데 특이하게도 새끼들을 일정 거리마다 한 마리씩 따로 둔 채로 길러 내는 경우가 많습니다. 어미가 새끼 옆에 머물며 계속

몸을 낮춘 채 은신처에 숨어 있는 새끼 너구리.

해서 지키고 길러 내는 것이 아니라 주변에서 먹이를 먹은 뒤 이쪽에 있는 새끼에게 와 젖을 물리고, 또 저쪽의 새끼에게 가 젖을 물리며 키우죠. 이는 새끼를 자신이 지키는 것보다 애초에 따로따로 숨겨 놓아 천적에게 발견될 가능성을 줄이는 것이 더 안전하다고 판단하기 때문입니다. 이런 특징을 미루어 보아, 산책길 수풀 더미에 홀로 있는 새끼 고라니를 발견하더라도 이는 사실 어미가 의도적으로 숨겨 둔 것일 뿐 정상적으로 자라고 있을 가능성이 높습니다. 하지만 고라니의 생태적 특징을 잘 모르는 사람은 이 상황을 보고 문제가 생겼다고 오해하기 딱 좋은 것도 사실입니다.

고라니는 새끼를 따로따로 숨겨 놓고 키운다. 이런 생태적 특성을 모르면 자칫 새끼가 홀로 남겨졌다고 오해하기 쉽다.

  새끼동물에게 도움의 손길을 건넨 좋은 마음이 자칫 새끼동물을 납치하
는 결과로 이어질 수 있다니 참 아이러니합니다. 그렇다면 발견한 새끼동물
을 무조건 못 본 척 두고 가야 할까요? 그러자니 새끼동물이 걱정되고, 계속
해서 마음이 쓰입니다. 실제로 어미를 잃어 홀로 굶어 가는 새끼동물도 있
고, 위험에 처한 상황에서 발견되는 경우도 많습니다. 그럴 때라면 당연히
구조해서 도움을 주는 것이 녀석들을 위하는 일입니다. 그렇기에 내가 발견
한 새끼동물이 구조를 필요로 하는 상황인지, 아닌지를 정확하게 판단하는
것이 가장 중요하죠.

우선, 당장에 새끼동물을 위협하는 요인(개나 고양이 같은 포식자 혹은 불필요한 사람의 접근)이 없거나, 주변 환경이 위험한 곳(발견 장소가 도로 근처이면 언제든지 새끼가 위험해질 수 있는 상황)이 아니라면 최대한 멀리서 꽤 오랜 시간 관찰해야 합니다. 그러면서 어미가 돌아오는지를 지켜보는 것입니다. 필요하다면 몇 시간 혹은 하루 정도 지나 다시 현장에 방문해 새끼동물을 살펴봅니다. 만약 위의 상황에 해당하고, 주변에 어미까지 있다면 새끼동물은 절대 구조를 필요로 하지 않으니 그대로 두고 홀가분한 마음으로 떠나면 됩니다. 반면에 위의 사항 중 한 가지라도 충족시키지 못하면 구조를 고민하면서, 야생동물 구조센터와 같은 관련 기관에 연락해 조언을 요청하는 것이 바람직합니다.

　충분히 관찰도 했고, 구조센터의 조언을 비추어 보아 구조해야 하는 상황이 맞다면, 과감하게 실행하면 됩니다. 하지만 구조가 끝났다고 모든 것이 끝난 것은 아닙니다. 구조한 새끼동물에게 필요한 후속 조치를 해야 하기 때문입니다. 후속 조치 역시 종에 따라, 발달 정도와 상태에 따라 달라질 수 있어 까다롭습니다.

　새끼 수달을 예로 들어 보겠습니다. 새끼 수달 한 마리가 물에 흠뻑 젖은 채 저체온증을 보이다가 폐사한 경우가 있었습니다. 새끼 수달은 성체와 달리 방수 능력이 현저히 떨어집니다. 그러한 사실을 몰랐던 구조자는 수달이 좋아할 것이란 생각에 큰 물통에 물을 받아 수달을 보호하는 곳에 넣어 주었습니다. 그런데 그 물통이 쏟아지면서 물에 젖게 된 수달은 저체온증에 빠져 결국 목숨을 잃었습니다. 전문 지식이 없는 상태에서의 야생동물 구조는 이처럼 자칫 위험한 결과를 초래합니다. 새끼 수달에게 물이 위험할 수 있다는 것을 알았다면 벌어지지 않았을 일입니다. 이러한 위험이 새끼 수달에게만 해당하는 것은 아닙니다. 새끼동물의 종에 따라, 어린 정도에 따라 조치 방법이 달라질 수 있습니다. 때문에 전문가의 도움을 꼭 받아야 합니다.

그뿐만 아니라, 구조한 새끼 동물을 보호하면서 마치 반려동물을 다루듯 과도하게 애정을 쏟아서도 안 됩니다. 이 과정에서 새끼동물이 사람을 두려워하지 않게 되거나 '각인'이 되어 버리면 훗날 야생에서 살아가는데 큰 걸림돌이 되기 때문입니다. 야생동물이 사람을 동종이나 어미와 같이 여기고 따르게 되는 현상을 '각인'이라고 합니다. 그렇기에 녀석들을 잠시나마 보호할 때는 최대한 사람과의 접촉을 줄이고, 긍정적인 자극을 주지 않도록 신경써야 합니다. 흔한 말로 정을 주고받지 말아야 합니다.

새끼동물의 생존율이 낮은 것은 당연합니다. 어미보다 위험에 대처하는 능력도 떨어지고, 천적도 많은

물에 흠뻑 젖어 저체온증에 놓인 새끼 수달.

나약한 존재이기 때문입니다. 많은 수의 새끼동물이 살아남지 못하고 도태되는 것이 자연의 섭리라고는 하지만 사람이 그들의 삶에 너무나 막대한 영향을 끼치고 있어 꼭 그렇다고만 볼 수도 없습니다. 또 새끼동물에게 연민을 느끼고, 도움의 손길을 내밀고자 하는 것은 어찌 보면 누구나 지니고 있는 윤리적 책임감일 수도 있습니다. 녀석들에게도, 사람의 도움을 받아 다시 새 삶을 시작할 기회를 얻는다는 것이 얼마나 간절할지 짐작조차 하기 어렵습니다.

그렇기에 부득이한 사고로 조난당해 도움이 절실한 동물들을 위해서라

구조된 새끼동물 두 마리가 어울려 놀고 있다.

도 불필요한 구조는 가능한 한 피해야 합니다. 물론 구조였는지 납치였는지, 구조를 해야 한다면 적절히 했는지, 적당한 처치와 올바른 보호를 했는지 그 누구도 쉽게 판단할 수 없습니다. 하지만 야생동물을 지켜주고자 좋은 마음에 행동한 일이 안타까운 결과를 가져올 수도 있다는 걸 꼭 명심하면 좋겠습니다.

2장

夏

여름

생명 릴레이

무더운 여름은 사람에게나 동물에게나 무척 힘거운 계절입니다. 특히나 구조센터에 머무는 야생동물들에게는 한층 더 그렇습니다. 자연 속에서 살아가는 야생동물은 그늘을 찾거나 물에 들어가 잠시나마 더위를 식히지만, 공간이 제한된 구조센터에 머물며 치료를 받고 있는 동물들에게는 선택권이 많지 않습니다. 그래서 여름은, 동물들이 겪는 불편함을 조금이라도 줄여주기 위해 직원들의 노력이 필요한 계절입니다.

더울 때 가장 중요한 것은 역시 '물'입니다. 동물들은 물로 목을 축이고 목욕을 하면서 체온을 조절하는데, 여름에는 물이 너무 빠르게 증발하고 쉽게 오염되거나 녹조가 발생하기 때문에 자주 갈아 주어야 합니다. 특히 체온을

계류장 내 시원한 물로 더위를 식히는 흰빰검둥오리.

조절하고, 갈증을 해소하는 것 외에도 동물들은 물을 이용해 털이나 깃을 손질하고 청결을 유지하기 때문에 더욱 중요합니다.

급수대에 물을 받아 줄 때는 야생동물의 특성에 맞게 급수대의 크기, 재질, 모양 같은 부분까지도 세심하게 고려해야 합니다. 급수대가 너무 크면 계류 공간을 과도하게 차지해 동물들이 활동하는 데 불편을 줍니다. 물을 너무 많이 담아 주면 동물이 빠져나오지 못해 익사하거나, 너무 흠뻑 젖어 저체온증에 시달릴 수도 있고요. 또 바닥의 재질에 따라 쉽게 망가져 제 기능을 못하거나 동물이 미끄러 지기도 합니다. 부리 힘이 강한 독수리가 급수대를 부 쉬 버린 경우도 있었죠.

물을 제공하는 또 다른 방 법은 스프링클러를 설치하 는 것입니다. 스프링클러란

스프링클러에서 나오는 물을 맞으며 더위를 식히는 참매.

배관을 통해 이동하던 물이 일정량만큼 자동으로 뿜어져 나오게끔 하는 장 치인데, 계류장 내 적절한 장소에 설치해 두면 마치 비가 내리는 듯한 상황 을 연출할 수 있습니다. 한낮의 가장 더운 시간에 스프링클러를 틀어 두면 동물들이 여름을 훨씬 더 시원하게 날 수 있습니다. 다만 단순히 물을 제공 하는 것과는 다르게 동물의 몸에 직접 살수되는 것이므로 물줄기의 세기를 조절해야 하고, 너무 작은 동물에게는 위험할 수 있으니 주의가 필요합니다. 또 너무 오랫동안 틀어 놓으면 오히려 동물들의 체온을 과하게 떨어뜨리게 되니 계류 공간 일부에만 적절하게 작동시키는 것이 무엇보다 중요합니다.

더위를 피하는 데 물만큼 중요한 것이 있습니다. 내리쬐는 태양을 피할 수 있는 '그늘'입니다. 천막이나 차광막을 설치해 햇볕을 가려주거나, 몸을 숨길 은신처를 제공해 동물이 스스로 태양을 피하도록 도와줘야 합니다. 천 막이나 차광막을 설치하면 동물이 이를 뜯어내거나 자칫 몸에 얽히는 사고

그늘을 만들어 더위를 피할 공간을 마련해 주었다.

가 발생할 수 있기에 주의를 기울여야 합니다. 계류장 바깥쪽이나 동물이 닿을 수 없는 높이에 설치해야 안전합니다. 은신처는 동물이 굴을 선호하는지, 수풀 사이를 선호하는지와 같은 생태적 특징에 맞게 제공합니다. 필요하다면 인위적이지 않은 자연환경과 흡사한 은신처를 만들어 주기도 합니다. 계류장 내에 자연스럽게 자란 식생을 은신처로 활용하는 것 역시 좋은 방법입니다.

그 외에도 더위를 식혀 주는 또 다른 방법이 있습니다. 현재 충남야생동물구조센터에서는 너구리에게 종종 시행하고 있는데 바로 먹이를 차갑게 해서 주는 것입니다. 먹이를 물에 적시거나 담가 주기도 하고, 심지어 얼음에 얼려서 주기도 합니다. 또 수분이 많은 과일을 제공하기도 하죠. 이를 통해 동물들은 더위를 식힐 뿐만 아니라 다양한 방법으로 제공받은 먹이에 호기심을 보이며 이 무더운 여름을 활발하게 보낼 수 있습니다.

더위를 해소했다면, 이제는 여름에 특히 조심해야 하는 또 다른 문제를 신경 써야 합니다. 바로 한여름에 어김없이 뉴스에서 들려오는 '식중독'입니다. 부패한 음식을 먹어 발생하는 경우가 대부분인데, 이는 동물 역시 마찬가지입니다. 여름엔 보관 중이거나 제공한 먹이가 빠르게 부패할 수 있으니 부패 여부를 지속적으로 확인하고, 교체해야 합니다. 또 동물이 설사나 구토를 했는지도 잘 살펴 식중독 감염 여부를 관찰합니다.

또한 기생충 감염도 예방해야 합니다. 여름에는 파리나 모기 같은 벌레들의 접근이 잦아지니 기생충이 증가할 수밖에 없습니다. 계류장 내의 먹이나

찬 수박을 먹으며 더위를 식히는 너구리.

분변이 해충의 접근을 부르는 주요 원인이니 늘 청결을 유지하는 것이 무엇보다 중요합니다. 특히 운동성이 떨어지는 동물이나 어린 동물들은 파리가 털 안에 알을 낳아 유충인 구더기 상태로 기생하는 '승저증(피부구더기병)'에 감염될 수 있으니 지속적인 관찰이 필요합니다.

우리가 지내는 여름과 구조센터에 머물고 있는 동물들의 여름은 사실 크게 다르지 않습니다. 시원한 물놀이로 더위를 식히는 모습이나 시원한 그늘 아래서 햇빛을 피하는 모습, 열사병과 식중독을 조심해야 하고, 날아드는 날벌레를 쫓느라 정신없는 부분까지 모두 닮았습니다. 그들과 우리가 다르지 않음을 이 계절 덕분에 또다시 배웁니다.

여
름
—

오리

———

멀고도 험한 도시 여행

무더운 여름, 야생동물의 번식이 한창입니다. 조금만 관심을 두고 주위를 둘러보면 먹이를 물고 자신을 기다리는 새끼에게 바삐 돌아가는 어미와 움틀대는 새 생명을 어렵지 않게 발견할 수 있죠. 그런 모습이 신비롭고 아름답게 느껴지겠지만, 정작 야생에서의 삶을 살아가는 그들에겐 매순간이 위기일 만큼 생존 경쟁이 치열합니다.

그 때문에 야생동물구조센터에는 야생동물의 번식기가 도래하는 이때에 새끼동물을 구조해 달라는 신고가 가장 많이 들어옵니다. 이 과정에서

여름에 가장 많이 구조되는 동물인 흰뺨검둥오리.

충분한 고민 없이 무턱대고 구조를 요청해 본의 아니게 '납치'를 하게 되기
도 하지만, 정말로 구조가 필요한 위험한 상황에 놓인 경우도 무척이나 많
습니다.

　그중에서도, 특히나 많이 구조되는 동물이 다름 아닌 '오리류'입니다. 국
내에서 번식하는 대표적인 오리과 조류로는 '흰뺨검둥오리'와 '원앙'이 있
습니다. 흰뺨검둥오리는 보통 하천 주변의 야산이나 초지에 알을 낳아 품
고, 원앙은 하천 주변의 나무 구멍과 같은 곳에 들어가 알을 낳아 품습니다.

　이들은 '조성성^{早成性} 조류'입니다. 조성성 조류란 부화와 동시에 눈을 뜨

며, 온몸에 털도 나 있는 새들을 말합니다. 반면에 만성성晩成性 조류는 참새류와 같이 부화할 때 온몸에 깃털이 나지 않은 채 태어나는 부류를 일컫습니다. 흰뺨검둥오리와 같은 조성성 조류의 새끼들은 심지어 곧바로 기립과 보행이 가능하죠. 이렇게 태어난 새끼들은 어미를 따라 앞으로 살아갈 강가로 이동합니다. 눈을 뜨는 순간부터 바로 첫 여행을 시작하는 셈이죠.

문제는 이제부터입니다. 아무리 태어나자마자 이동이 가능하다지만 연약한 새끼 오리들은 여러 위험에 노출될 수밖에 없습니다. 날 수조차 없으니 종종 위태로운 상황에 부닥치곤 하죠.

특히 오늘날에는 인구의 증가와 그에 따른 거주지 확대, 특히 하천 주변에 생겨난 건물과 정비 공사 탓에 하천과 가까운 곳에서는 번식에 적합한 환경을 찾기가 어려워졌습니다. 그러다 보니 여러 위험을 무릅쓰고라도 도심에서 번식하는 사례가 늘어나기 시작했습니다. 하지만 곳곳에 잠재되어 있는 위험이 녀석들을 기다리고 있죠.

가장 먼저 도로와 자동차를 꼽을 수 있습니다. 오직 두 다리로 열심히 걸어서 강가로 이동해야 하는 녀석들에게 가장 위협이 되는 존재입니다. 우리나라는 도로의 밀도가 매우 높고,

위태롭게 자동차 아래를 지나는 흰뺨검둥오리 가족.

특히 도심지에서 도로를 마주치지 않기란 불가능에 가깝습니다. 실제로 이 과정에서 차에 치어 폐사하거나 무리에서 떨어져 도태되기 일쑤이며, 위험을 무릅쓰고 도로를 건넜다 하더라도 갑작스럽게 마주하는 중앙분리대나 도로 경계석에 막혀 더는 이동할 수 없어 결국 도로에 갇히기 십상이죠.

두 번째는 건물 옥상에 조성된 작은 정원이나 텃밭에서 번식을 하는 경우입니다. 최근 도심 속에서도 자연의 향취를 느끼고자 옥상에서 정원이나 초지, 텃밭을 가꾸는 사람들이 많습니다. 흰뺨검둥오리와 같이 풀밭에 번식을 하는 새들에게 그런 공간은 꽤나 유혹적입니다. 어느 정도 높이가 있다 보니 천적의 접근이 쉽지 않기 때문이죠. 하지만 막상 새끼가 부화하고 나면 위태로운 상황에 처하게 됩니다. 강가로 가기 위해선 건물에서 뛰어내려야 하는데, 높이가 높아 그 과정에서 심각한 외상을 입거나 폐사할 수 있기 때문이죠. 하지만 이것보다도 대부분의 건물 옥상에 추락을 예방하기 위해

건물 옥상 정원에 곧잘 둥지를 트는 흰뺨검둥오리.

둘러쳐진 담이나 울타리가 더 큰 문제입니다. 이런 경우, 부화하더라도 그 담을 넘을 수 없으니 누군가에게 발견되지 않는다면 새끼들은 고립된 채 그 안에서 서서히 죽어가게 됩니다.

세 번째는 눈에 잘 띄지는 않지만 정말 곳곳에 수없이 널려 있는 인공구조물인 '집수정'입니다. 우리가 흔히 말하는 맨홀 뚜껑이나 사각으로 짜인 그물 모양의 철제 구조물이 바로 빗물이나 오수를 모아 내는 집수정입니다. 어미의 뒤를 졸졸 따라 이동하는 새끼오리들에게 집수정은 치명적입니다. 어미야 덩치도 크고, 발바닥도 크다 보니 집수정에 빠지는 사고를 겪지 않습니다. 하지만 어미는 자신의 새끼가 너무 작아 집수정 구멍에 빠질 수도 있다는 생각은 미처 못하는 것 같습니다. 새끼들을 데리고 집수정 위를 유유히 걷다 뒤를 돌아보면, 어느새 한 마리의 새끼도 남아 있지 않은 것을 알고 당황해합니다. 집수정에 빠지면 큰 문제가 발생합니다. 하수도 내부가 좁아 사람이 들어가 구조할 수 없거나, 내부가 너무 길고 복잡한 하수도에서는 구조 자체가 어렵기 때문입니다. 또 좁고 어두운 하수도 내부에는 여러 오염 물질이 있어 상당한 주의가 필요합니다. 그러므로 단순히 작고 낮은 집수정에 빠진 것이 아니라면, 직접 구조를

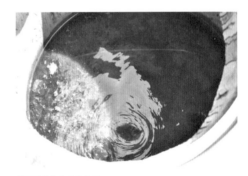

집수정에 빠진 새끼 오리.

시도하기보다는 전문가에게 요청해 구조를 진행하는 것이 바람직합니다.

이렇게 처음부터 순탄치 않은 새끼오리들의 삶이 참 안타깝습니다. 하지만 이런 문제는 당장에 해결하기가 쉽지 않습니다. 도로를 없앨 수도 없고, 누군가가 애써 조성해 놓은 옥상 위 정원을 금지할 수도 없는 일입니다. 또 전국에 설치된 수많은 집수정을 다른 형태로 바꾸려면 막대한 예산과 인력, 시간이 필요합니다. 물론 번식기의 오리들을 위해 이러한

새끼 오리를 구조하기 위해 사람이 직접 집수정에 들어가고 있다.

것을 요구한다 치더라도 많은 사람들의 공감을 얻기에는 무리겠죠. 현재로서는 이런 상황을 마주했을 때 어떤 방법으로 도와줄 수 있을까를 고민하는 것이 더 현실적입니다.

오리들이 어딘가에 고립된다면, 그 환경이 사람에게도 위험할 수 있기에 보다 신중하게 대응해야 합니다. 새끼 오리들이 조난된 원인과 현재 처한 상황이 어떠한지를 최대한 정확하게 파악한 후 야생동물을 전문적으로 구조하는 기관에 연락해 도움을 요청하는 것이 바람직하죠. 하지만 상황이 너무 급박하다면, 최대한 안전을 확보한 상태에서 구조하거나, 오리가 안전하

천신만고 끝에 강가에 도착한 원앙 가족.

게 강가로 이동할 수 있게끔 주변의 위험 요소(차량, 집수정 접근 등)를 통제하
는 것 역시 충분히 시도할 수 있습니다.

　함께 살아간다는 것은 이처럼 어렵습니다. 강가에서 유유히, 한가로이
헤엄치던 녀석들이 실은 이렇게 힘겹게 살아간다는 것을 모르는 사람들이
많습니다. 차라리 몰랐으면 마음이 편하겠지만 우리가 녀석들의 삶에 지대
한 영향을 미치고, 그 때문에 많은 야생동물들이 피해를 당한다는 것을 알
았다면 더는 외면해서는 안 되겠죠. 자동차 괴물, 도로 경계석 벽 그리고 집
수정 함정은 결국 우리가 편안하고 안전하게 살기 위해 만들어 놓은 것이니

까요.

언젠가 도로를 건너는 오리 가족을 위해 스스럼없이 달리는 자동차를 멈추고 안전하게 건너도록 도와준 누군가의 행동이 많은 이의 가슴을 따뜻하게 해 준 일화가 있습니다. 이런 행동이 특별한 미담으로 남을 것이 아니라 우리 모두가 새끼오리들의 첫 여행을 선뜻 도와주는 마음 넉넉한 사람들이면 좋겠다는 바람입니다. 욕심일까요?

강에서 새로운 삶을 시작하는 흰뺨검둥오리 가족.

너구리

사랑이라는 치명적인 덫

야생동물구조센터에는 여러 교육동물이 있습니다. 이들은 이런저런 사고로 영구적인 장애를 입어 자연으로 돌아갈 수 없는 대신 대중을 교육하는 일을 하고 있습니다. 야생동물 보호의 중요성과 야생동물을 위협하는 요인을 알리고 동물의 전반적인 특징을 이야기할 때 많은 효과를 내도록 옆에서 도와주는 중요한 역할을 담당하는 거죠. 그중에서도 몇 년째 구조센터에 머물고 있는 너구리 한 마리가 있습니다. 녀석의 이름은 '클라라', 센터의 마스코트와 같은 존재입니다. 보통 이런 동물은 자연으로 돌아갈 수 없는 치명

구조센터의 교육동물로 활약하는 너구리 '클라라'.

적인 장애를 지녔기 때문이라고 생각하기 쉽지만 클라라는 전혀 그렇지 않
습니다. 몸에 아무런 이상 없이 매우 건강한 상태이니 말이죠. 그럼에도 자
연으로 돌아갈 수 없는, 어찌 보면 가장 안타까운 사연을 지닌 친구입니다.

　클라라를 처음 발견한 것은 어느 일반인이었습니다. 당시 산책로에서 멀
리 떨어지지 않은 곳에 혼자 웅크리고 있는 새끼 너구리를 발견한 것입니다.

　"엄마, 아빠는 어디 가고 여기 혼자 있니? 아줌마랑 같이 갈까?"

　아주머니는 새끼동물이 혼자 있는 모습에 안타까운 마음이 들어 녀석을
품에 안고 자신의 집으로 돌아왔습니다. 그렇게 녀석은 사람의 곁으로 오게

되었죠. 그런데 시간이 지나면서 문제가 드러나기 시작했습니다. 처음과 다르게 점점 걷는 모습이 부자연스러워지더니 어느새 걷지 못하게 된 것입니다. 움직임이 불편했던 녀석은 결국 높은 위치에서 떨어지는 사고까지 겪게 되었지요.

"제가 2개월 전에 새끼 너구리를 발견해서 보호하고 있는데요……. 얘가 아직 잘 걷지를 못해서 그런지 세탁기 위에 있다가 떨어졌어요. 많이 아픈가 봐요. 좀 도와주세요."

구조센터에 도착한 녀석을 살펴보았습니다. 일단 높은 곳에서 떨어지면서 충격을 받아 뇌진탕 증세를 보였지만 다행히도 그렇게 심각한 수준은 아니었습니다. 조금 휴식이 필요한 정도였으니까요. 하지만 다리가 휘어 있고 잘 걷지 못하는 건 떨어질 당시의 충격 때문이 아니었습니다. 아주머니는 아직 너무 어려서 그렇다고 생각했지만, 사실 태어난 지 2개월이나 된 너구리

 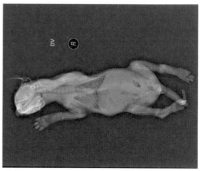

다리에 골격 장애가 발생해 잘 걷지 못했던 새끼 너구리. 엑스레이 사진을 찍어 보니 다리 뼈가 휘어 있었고 양쪽 뒷다리에 미세하게 골절이 있었다.

가 이렇게 못 걷는다는 것은 어딘가에 문제가 있기 때문이었습니다. 실제로 이 너구리는 비슷한 시기에 태어난 다른 새끼 너구리보다 훨씬 더 왜소한 상태였습니다. 문제가 어디 이것뿐이었겠습니까. 몸 바깥쪽으로 한껏 휘어 있는 다리 중에는 심지어 뼈가 부러진 곳도 있었으니 못 걷는 것이 당연했죠. 녀석에게 왜 이런 문제가 발생했을까요?

우선 클라라를 보호했던 분은 너구리는 물론 야생동물에 대한 지식이 전혀 없는 일반인이었습니다. 일반인이 야생동물을 사육한다는 것은 결코 쉬운 일이 아닙니다. 심지어 여러 가지 문제를 일으킬 가능성도 높습니다. 아무래도 야생동물에 대한 전반적인 지식이 부족하다 보니 각각의 동물에게 필요한 환경을 갖춰주는 것은 불가능에 가깝죠. 특히 처음 야생동물을 사육하는 사람들은 필요한 정보를 대개 인터넷으로 얻는데, 인터넷에는 잘못된 정보가 난립해 오히려 동물을 위험에 빠뜨릴 수도 있습니다.

클라라를 보호했던 아주머니 역시 영양이 불균형한 먹이 급여를 했고 또 관리에 소홀해 높은 곳에서 떨어지는 사고를 입게 했습니다. 이 때문에 너구리는 좌측 전완골과 우측 대퇴골에 골절이 발생했고요.

구조센터에 온 새끼 너구리는 안정을 취하고 상태가 나아지면서 매일매일 걷는 연습을 했습니다. 운동량을 늘려 근육을 만드는 동시에 충분히 먹이를 공급받으며 장애를 극복해 나갔습니다. 처음에 녀석은 걷기를 꺼려하고 쉽게 지쳤지만 점차 시간이 흐르면서 여느 너구리처럼 걷게 되었죠. 조금만 늦었더라면 평생 다리에 장애를 지닌 채 살아가야 했는데 다행히도 극복해

낼 수 있었습니다. 그런데 진짜 문제는 따로 있었습니다. 바로 녀석이 사람을 좋아한다는 것이었습니다.

말 그대로 클라라는 사람을 무척이나 따랐습니다. 사람의 손길을 전혀 두려워하지 않았으며 졸졸 쫓아다니기까지 했으니 말이죠. 사람에 대한 경계심이 일절 없는 모습이 마치 강아지와도 같았습니다. 아주머니가 사랑을 듬뿍 담아 클라라를 돌보았던 것이 틀림없습니다. 클라라는 아주머니의 품에 안겨 사랑을 받으며 그분을 제 어미처럼 여겼을 것입니다.

야생동물이 사람을 좋아한다는 것은 무엇을 의미할까요? 동화나 만화영화의 해피엔딩처럼 서로를 위하고, 각자의 영역을 존중하며 평생을 행복하게 살 수 있을까요? 현실은 그렇지 않습니다. 이런 야생동물은 사람에 대한 의존도가 높아 사람 거주지 주변에 머무를 가능성이 매우 높은데, 이는 동시에 수많은 위험에 노출된다는 것을 의미합니다. 도로 위에서 차량에 치여 싸늘하게 식어갈 수 있고, 사람에게 총을 맞거나 개나 고양이에게 물려 죽을 수도 있습니다. 문제는 또 있습니다. 자신에 대한 정체성을 제대로 확립하지 못해 야생에서 동종과 못 어울리게 되고 이는 번식이나 무리로의 합류 실패로 이어집니다. 이러한 이유로 야생

민가 근처에서 차량 충돌로 폐사한 너구리.

동물구조센터에서 새끼동물을 돌볼 때에는 '각인'에 대한 경계를 늦추지 않습니다. 사람이 주는 긍정적인 자극을 줄이면서 경계심을 유지할 수 있게끔 유도하는 것이죠.

클라라의 치료가 끝난 이후부터 다시 야생으로 돌려보내기 위해 많은 노력을 기울였습니다. 최대한 사람과의 접촉을 줄이면서 야생성이 강한 너구리들과 합사도 시켜 보았지만 소용없었습니다. 적응하지 못하고 오히려 다른 야생 너구리들에게 공격받아 숨어 지내야 했습니다. 그럴수록 사람에게 의지하려는 성향은 더욱 강해졌고요.

야생동물은 반려동물이 아닙니다. 오래전부터 사람과 긴밀하게 살아온 반려동물과 사람에게서 최대한 떨어져 그들만의 자연사를 써내려 간 야생동물은 여러 가지 면에서 굉장히 다릅니다. 그렇기에 야생동물이 사람이 만들어놓은 공간에서 평생 살아야 하는 것은 고충일 수 있습니다. 특히나 가정집에서 보호하는 것은 지속성에도 한계가 있습니다. 너구리를 처음 구조해 보호했던 일반인은 지켜주고자 하는 마음에 사랑을 듬뿍 담아 돌보았지만, 결국 그 애틋한 마음이 발목을 붙잡았습니다. 자연으로 돌아가지 못하고 좁은 공간에서 평생을 살아갈 수밖에 없게 된 것이죠.

새끼 너구리 클라라는 이처럼 가슴 아픈 사연을 지녔지만 교육동물로 대활약하고 있습니다. 많은 사람들에게 '야생동물의 부적절한 구조와 사육'의 대표적인 피해 동물로 나서서 이야기하고 있습니다. 차량에 충돌하는 사고를 당해 자연으로 돌아가지 못하게 된 수컷 너구리와 부부의 연을 맺어

서로 의지하면서 말이죠.

　클라라가 하루 중 가장 즐거워하는 시간은 산책을 갈 때입니다. 자신이 좋아하는 사람과 함께 좁은 계류 공간에서 나와 잠시나마 야생을 온몸으로 느낄 수 있기 때문이죠. 비록 클라라가 많은 이들의 관심 속에 보호받으며 나름대로 잘 지내고 있다 하더라도 녀석에게 야생에서의 삶이 없다는 것은 무척 슬픈 일입니다. 사고를 당해 몸 일부를 다쳐 자연으로 돌아가지 못하는 동물들도 안타깝지만, 아무런 이상이 없는데 단지 사람을 좋아한다는 이유 하나만으로 자연으로 돌아갈 수 없는 클라라는 어찌 보면 더더욱 안타깝습니다.

수컷 너구리 '데이비드'와 부부의 연을 맺은 클라라.

다시는 클라라와 같은 친구들이 생겨나지 않았으면 좋겠습니다. 그게 클라라가 이곳에서 교육동물로 사는 이유이기도 합니다. 아마 클라라도 그렇게 생각하지 않을까요?

산책 중 꽃향기를 맡는 시간도 녀석에겐 무척 소중하다.

개선충에 감염돼 '돌덩이'가 된 너구리

살아 움직이는 돌덩이가 있다면 누가 믿을까요? 메두사의 눈을 마주하거나, 마법사가 나타나 살아 있는 존재에게 돌로 변하는 마법을 부렸다는 신화 속에서나 나올 법한 이야기일 테니 당연히 믿기 어렵겠죠. 하지만 직접 보면 충분히 이해할 수 있습니다. 사실 정확하게 말하면 돌덩이가 움직이는 게 아니라, 움직이는 무언가가 마치 돌덩이를 닮은 것이고, 이 무언가는 살아 있기에 움직입니다. 바로 녀석의 정체는 '개선충에 감염된 너구리'입니다.

개선충에 감염된 너구리와 정상 너구리의 모습.

개선충증(Scabies, Sarcoptic mange infection)은 외부 기생충인 개선충이 원인체입니다. 대다수의 육식 포유류가 이 기생충에 감염될 가능성이 있지만, 국내 야생동물 중에는 단연 너구리가 감염에 취약합니다. 너구리가 개선충에 취약한 것은 녀석이 가진 생태적 특성 탓이 큽니다. 굴과 같은 곳을 은신처로 이용하는 너구리는 이를 공유하는 배우자나 새끼와 같은 가족들에게 병을 전염시킵니다. 또 공동화장실을 이용

개선충에 집단 감염된 너구리 가족.

하면서 주변의 다른 개체들과 교류를 나누는 특성상 개체 간 접촉 가능성이 높기 때문이죠. 더욱이 개선충은 건강한 개체라도 얼마든지 감염이 될 수 있어 더더욱 위협적입니다.

개선충에 감염되면 보통은 귀와 겨드랑이, 복부, 다리에서 시작되어 몸 전체의 털이 빠지고, 심한 가려움증, 표피박리, 만성피부염 등을 유발합니다. 갈라진 피부에 상처가 발생하면서 2차 세균 감염에도 취약해지죠. 심한 가려움증으로 정상적인 생활 자체가 불가능하고 먹이를 취하여 먹을 기회 역시 줄면서 체중 감소, 탈수로 이어질 수밖에요. 궁극적으로 심각한 영양 결핍과 면역력 저하, 저체온증에 따른 폐사로 이어지는 경우가 빈번합니다. 너구리에겐 그만큼이나 치명적인 질병이죠.

하지만 개선충에 감염된 너구리가 무조건 죽음에 이르는 것은 아닙니다. 조기에 구조된다면 충분히 회복할 수 있습니다. 빠진 털 때문에 떨어진 체온을 유지해주면서 수액 처치로 탈수와 전해질을 교정합니다. 동시에 항생제와 항기생충제 약물 투여를 병행한다면 치료가 가능합니다. 다만 감염 초기에는 경계반응과 운동성이 남아 있어 구조가 쉽지 않습니다. 보통의 너구리처럼 마주할 가능성도 낮고 중증으로 번지고 나서야 그나마 눈에 띄어 구조가 이루어지니 구조센터에 들

어오는 너구리 대다수는 이미 치료가 어려울 정도로 심각한 상황입니다.

돌덩이처럼 변해 버린 야생동물을 갑작스레 마주한다면 누구나 걱정이 앞설 겁니다.

실제로 질병에 감염된 야생동물과 그들에 대한 전문적 지식이 부족한 일반인이 무턱대고 접촉

개선충에 감염돼 먹이 활동 능력이 떨어져 사람에게 의존하는 너구리 형제.

하는 것은 위험합니다. 하지만 꼭 직접 만지고, 구조해야 도움을 주는 건 아니겠죠. 녀석들을 살피고, 야생동물구조센터와 같은 전문 구조기관에 알리는 것만으로도 충분합니다. 당장 포획해야 할 위험한 상황이라면 장갑을 착용해 피부와 직접 접촉하는 것을 방지하고, 포획용 뜰채나 담요를 이용해 덮어 잡은 후 이동장에 넣어 보호하면 됩니다. 추가적으로 약간의 물을 제공하거나 따뜻한 곳에 두어 체온 유지를 돕는 것 역시 필요하겠죠.

사실 현대사회를 살아가는 우리는 질병이나 전염병이라면 기겁을 하고, 마냥 두려워하기 일쑤입니다. 물론 조심해야 하지만 꼭 나쁘게만 볼 것도 아니죠. 자연 생태계에서 질병은 꽤나 자연스러운 것입니다. 과거부터 특정 개체군이 과도하게 증가하는 것을 조절하며 생태계의 균형을 잡는 역할을 했거든요. 하지만 오늘날, 무분별한 개발과 환경오염, 인간의 거주지 확대와 농토 개간이 광범위하게 이루어지면서 야생동물의 서식지는 점차 줄어들었고, 그 결과 단위 밀도당 특정 개체군이 과밀해져 전염 가능성이 비정상적으로 높아진 점이나 사람이나 사람이 키우는 가축과 야생동물의 접촉이 잦아진 점은 분명 다시 한번 생각해 보아야 할 문제입니다.

아무리 질병이 생태계에서 자연스러운 일이라 해도, 질병에 걸린 동물을 발견했을 때 모른 척 지나가는 것도 마음이 편치 않을 겁니다. 치료가 가능하다면 치료의 기회를, 치료가 불가능하다면 최소한 안락사를 통해 고통을 줄여 주거나 다른 개체에게 전파될 가능성을 막아 주면 좋겠죠. 특히나 그 질병의 확산이 우리의 삶에서 비롯된 것이라면 더더욱 책임감이 따릅니다. 지금도 처절하리만큼 힘을 내어 버티고 있는 녀석들에게 우리의 도움이 절실히 필요합니다.

개선충에 걸린 너구리가 햇볕을 쬐고 있다.

붉은배새매

아낌없이 주는 나무는 행복했을까?

여름이 절정에 다다른 어느 날, 신고 전화가 울렸습니다. 솜털이 보송보송한 네 마리의 새끼 새가 한꺼번에 산책로에 떨어졌으니 구조해 달라고 했습니다.

보통 새끼 새가 구조되는 이유는 이러합니다. 첫째, 부모 새가 사고를 당해 새끼가 돌봄을 받지 못하고 도태되어 가다가 발견되는 경우. 둘째, 아직 날지 못하는 새끼가 둥지에서 떨어져 발견된 경우. 마지막은 부모 새의 돌봄을 받고 있는 상황인데도 사람이 잘못 판단해 불필요하게 구조하는 경우입니다. 신고된 새끼 새 네 마리 역시 이런 이유 가운데 하나일 것이 분명했습니다.

현장에 나가 살펴보니, 곳곳에 흙이 움푹 파여 있고, 베인 나무들이 어지럽게 쌓여 있었습니다. 산책로를 만들려고 동산을 깎아낸 뒤 벽돌을 쌓아 길을 만들고, 길 주변의 나무들을 베어 내고 있었습니다. 어느 것 하나도 자연적이지 않은, 인위적인 산책로였습니다.

멀지 않은 곳에서 새끼 새들이 발견되었는데, 멸종위기 야생생물 II급이자 천연기념물 323-2호로 지정되어 보호를 받는 '붉은배새매'였습니다. 아직 한참이나 어린 녀석들은 베어진 나무 부근에 옹기종기 모여 있었는데, 그늘 하나 없는 뙤약볕에서 얼마나 오랫동안 방치되었는지 연신 거칠게 숨을 헐떡이고 있었습니다. 조금 더 늦게 발견되었다면 심각한 탈수 증세로 생명이 위태로웠을 겁니다.

보통 새끼 새가 둥지에서 떨어져 있으면, 가장 먼저 다시 둥지 안으로 올

새들의 번식기에 산책로를 만들기 위해 무참히 나무를 베어 내고 있다.

려주는 것을 떠올리는데 이때 고려해야 할 점은 부모 새가 이미 새끼를 포기하고 떠나지는 않았는지, 둥지가 훼손되지는 않았는지, 올려놓는 과정이 새나 사람에게 위험하지는 않은지 등입니다. 하지만 붉은배새매의 경우 그 어느 것 하나 고려할 필요가 없었습니다.

산책로를 만들기 위해 녀석들의 둥지가 있던 나무도 무참히 베어져 삶의 보금자리를 송두리째 잃게 된 상황이었거든요. 인공 둥지라도 만들어 가까운 나무에 올려 어미의 보호를 받게끔 돕고 싶었지만, 포클레인이 내는 굉음과 함께 근처의 다른 나무들 역시 속수무책으로 쓰러지고 있는 현장에서

산책로가 필요했더라도 야생동물의 번식기에 꼭 공사를 해야 했을까?

선택의 여지는 없었습니다. 어쩔 수 없이 이 붉은배새매 새끼들은 부모와 생이별을 하고 무너지는 자연을 뒤로한 채 구조센터로 오게 되었습니다.

〈아낌없이 주는 나무〉라는 동화가 있습니다. 동화에서는 한 소년이 나무에게 열매, 나뭇가지, 그늘 등을 아무런 조건 없이 받게 되지만, 이에 만족하지 못하고 끝내 나무의 밑동만을 남겨둔 채 베어 내기까지 합니다. 밑동만 남은 나무는 소년에게 화를 내긴커녕 자신의 모든 것을 줄 수 있어서 행복했다고 말하지만, 나무로서의 삶은 끝나버립니다. 그때서야 소년은 후회하지만 돌이키기엔 이미 너무 늦어 버렸죠.

백로 번식지에 개발이 한창이다. ⓒ 김어진

윤택한 삶을 살기 위해 많은 사람들이 노력해 왔습니다. 덕분에 우리는 이 순간을 편하고, 안락하게 누리고 있지만 그 과정에 확실히 문제가 있습니다. 지나친 개발 욕심으로 자연을 피폐하게 만들었고, 곳곳의 자연환경이 밑동만 남은 나무처럼 돌이킬 수 없는 상황에 처했거나, 처할 위기에 놓이게 되었다는 점입니다. 우리가 자연을 보호해야 한다고 목소리를 높이는 이유가 바로 여기에 있습니다. 더는 돌이킬 수 없는 상황에 직면해 있기 때문이죠. 아낌없이 주는 나무가 소년에게 모든 것을 내어 주어 행복하다고 얘기했지만, 현실의 자연환경도 같은 마음일까요?

물론 개발을 무조건 반대하고 막아야 한다고 얘기하려는 것이 아닙니다. 자연환경을 어느 정도 희생시키더라도 그 가치가 충분해 많은 이들의 삶에 이익을 주고, 환경 피해를 최소화할 계획이 세워진 개발이라면 반대할 이유가 없습니다. 허나 대부분의 개발은 '꼭 필요한가?'에 대한 의문을 충족시키기 이전에 '경제적으로 얼마나 큰 이익을 창출할 수 있는가?'에 초점이 맞춰져 있습니다. 단순히 눈앞의 이익만을 추구하다 보니 꼭 필요치 않더라도 개발을 강행하거나, 자연환경 파괴를 최소화하려는 노력은 뒷전에 놓이기 일쑤입니다. 하루가 멀다 하고 뉴스에서는 이러한 개발 이야기가 계속해서 나오고 있습니다. 최근에만 해도 국립공원에 케이블카 설치, 고속도로 건설, 서해 매립을 통한 기가시티 건설, 철새들의 주요 기착지인 섬에 공항 건설, 국내 대표 철새도래지에 대규모 낚시터 건설 등 조금만 들여다보아도 자연환경을 보호하려는 고민은 전혀 찾아볼 수 없는 개발이 계속해서 이루어지고 있습니다. 위의 사례들은 모두 공통점이 있습니다. 꼭 필요치 않지만 경제적 이윤 추구를 위해 개발을 하려는 점, 자연환경 파괴를 가속화한다는 점, 마지막으로 되돌릴 수 없다는 점입니다.

결국 붉은배새매 4남매는 둥지도, 어미도 잃은 채 살아가게 되었습니다. 구조센터의 직원들이 최선을 다해 돌보겠지만, 어디 어미가 돌보는 것만 할까요……. 당장에 목숨은 구했지만, 위태로운 상황에서 벗어났다고 보긴 어렵습니다. 나무가 잘려 나가는 그 순간부터, 그들의 미래에는 어두운 그늘이 드리워진 셈입니다. 물론 산책로를 만드는 것이 우리에게 필요할 수도 있습니다. 나무를 베어 내는 것 역시 마찬가지입니다. 하지만 아쉬움이 짙게 남습니다. '최소한 대부분의 야생동물이 새끼를 길러 내는 지금 이 시기라도 피할 수는 없었을까?' '나무를 베어 내고, 흙을 파내 벽돌을 깔아 놓은 산책로보다 조금 더 생태적으로 만들 수는 없었을까?' 하는 아쉬움 말입니다. 너무 큰 욕심일까요…….

어미와 둥지를 잃었지만 구조되어 무럭무럭 자라는 붉은배새매 4남매.

숨 가쁘게 앞만 보고 달려온 탓에 그동안 우리는 자연이 내는 신음을 듣지 못했습니다. 아니, 어쩌면 귀를 막고 외면하며 지내 왔을 수도 있습니다. 해마다 구조센터에는 이런저런 사연을 지닌 동물들이 구조되어 옵니다. 벌목 현장에서 둥지째 떨어지고, 자동차에 치이고, 유리창에 부딪히고, 낚싯바늘이 목에 걸린 이 친구들이 겪었던 사고를 근본적으로 파헤쳐 본다면 우리의 개발에 대한 과한 욕심 때문인지도 모른다는 생각이 듭니다.

동화 〈아낌없이 주는 나무〉의 나무는 소년에게 모든 것을 내어주고 정말 행복했을까요? 확실한 건 나무에게 모든 것을 받은 소년은 행복하지 못

방생 직전의 붉은배새매 새끼들.

했습니다. 지금 이 순간에도 어딘가에선 아낌없이 주는 나무가 밑동만 남겨
진 채 베어지고 있고, 이는 돌이킬 수 없다는 사실을 기억해야 합니다. 그리
고 돌이킬 수 없는 그때가 온다면 우리 역시 절대 행복할 수 없다는 것을요.

흰뺨검둥오리

도로 위에서 떨고 있던 새끼 오리 9남매

　　이른 아침, 하늘도 파랗고 선선한 바람이 기분 좋게 불어오는 상쾌한 출근길이었습니다. 삼십 분 정도 흘렀을까요? 창밖으로 야생동물의 사체 하나가 스쳐 지나갔습니다. 사실 저희는 도로 위에서 희생되는 야생동물의 로드킬 실태를 조사한 경험이 있어 운전 중에도 쉽게 야생동물의 사체를 찾아내곤 합니다. 이미 명을 다했고, 딱히 조처를 취할 것이 없었기에 무거운 마음을 안고 지나쳤습니다. 그런데 얼마 가지 않아 굉장히 긴박한 순간을 맞이했습니다.

중앙분리대 근처에서 작은 동물들이 움직이는 것이 포착되었습니다. 급히 갓길에 차를 세우고 확인해 보니 새끼 오리들이 한데 뭉쳐 있었습니다. 이제 막 태어난 흰뺨검둥오리였죠. 작디작은 녀석들은 어찌할 바 모른 채 덜덜 떨고 있었습니다. 보통 흰뺨검둥오리는 하천 주변의 야산이나 풀밭에서 알을 낳아 품습니다. 태어난 새끼는 바로 어미를 따라 강가로 이동하게 되는데, 이때에는 날지 못하기 때문에 어미 뒤를 따라 열심히 걸어야만 합니다. 아마 이들도 같은 경우였을 것입니다. 새끼가 알에서 태어나자 어미는 새끼들과 함께 앞으로 지낼 강을 향해 앞장서 걸었을 테고, 새끼들은 부지런히 어미 뒤를 따라갔을 것입니다. 그러나 강에 도착하기 위해서는 차들이 매섭게 달려드는 이 도로를 반드시 건너야만 했죠. 실제로 앞에서 본 사

도로 위에서 아슬아슬하게 차량을 피해 버티고 있는 새끼 흰뺨검둥오리들.

체는 어미 흰뺨검둥오리였습니다. 날 수 있는 어미는 충분히 이 상황을 벗어날 수 있었을 텐데 새끼를 지켜내기 위해 자리를 뜨지 못한 채 도로 위에 머물렀고, 그 과정에서 안타깝게 차량에 치었을 것이 분명했습니다. 그렇게 남은 새끼들은 도로 가운데 위치한 중앙분리대를 벽 삼아 스쳐 지나가는 자동차들의 거센 바람과 굉음을 버텨 내고 있었습니다.

한시라도 빨리 새끼 오리들을 구조해야 했습니다. 하지만 혹시 사람이 갑작스럽게 다가가면 새끼들이 놀라 뿔뿔이 흩어져 더 위험해질 수 있으니 섣부르게 구조할 수도 없는 상황. 더군다나 이곳은 자동차가 달리는 도로, 안전을 확보하지 않는다면 구조자와 다른 운전자까지 위험해질 수 있는 상황이었습니다. 차량의 비상등을 켜고 뒤쪽에 안전삼각대를 설치한 후, 동시에 경광봉을 들어 구조자가 도로에 있음을 주행 중인 다른 운전자들에게 알렸습니다. 안전을 확보한 후 조심스레 오리들에게 몸을 낮추어 다가갔습니다. 가까이서 마주한 새끼들은 서로의 몸에 기댄 채 감당할 수 없는 두려움

과 어미를 잃은 충격에 어찌할 바를 모른 채 떨고 있었습니다. 정말 작고 아직은 나약한 생명들이었습니다. 집어삼킬 듯이 달려오는 자동차를 마주하고도 살기 위해 버티고 있는 것만으로도 얼마나 고마웠는지 모릅

안전하게 구조된 새끼 흰뺨검둥오리들.

니다. 결국 아홉 마리의 작은 생명을 모두 무사히 구조할 수 있었습니다.

새끼 오리들은 구조가 되어서도 두려움과 슬픔을 이겨내려는 듯 서로가 서로에게 무척 의지하는 모습을 보였습니다. 이들의 이러한 처지를 잘 알기에 구조센터 직원들 모두가 정성과 노력을 쏟아 부었고, 이를 아는지 흰뺨검둥오리 새끼들 역시 꿋꿋하게 잘 버텨 내고 무럭무럭 자라주었습니다. 새끼 오리들은 이내 안정을 되찾으며 새로 바뀐 환경에 적응하기 시작했습니다. 이것저것 잘도 집어먹고, 뛰어내리고, 내달리고 여느 새끼동물들과 다를 바 없는 모습이었습니다. 구조된 지 약 2개월이 조금 지나서부터는 날갯짓을 하기 시작했고 다소 높은 위치에서 뛰어내리기도 했습니다. 물가에 서식하는 특성에 걸맞게 수영도 곧잘 했고, 잠수 실력도 뽐내기 시작했습니다. 그렇게 시간이 흘러 처음 30그램 정도밖에 되지 않았던 몸무게는 어느덧 1킬로그램을 넘고 있었습니다. 그렇게 이들은 멋진 흰뺨검둥오리가 되었습니다.

시간이 지나면서 몰라보게 자랐다.

어느덧 3개월이 지나고 드디어 흰뺨검둥오리 9남매가 자연으로 돌아가는 날이 되었습니다. 이를 아는지 모르는지 흰뺨검둥오리들의 아침은 여느 때와 다름없이 털 고르기로 분주했습니다. 그들을 하나하나 포획하면서 눈을 맞추고 부디 잘 살아달라고 인사를 나누었습니다. 흰뺨검둥오리의 방생 예정 장소는 충남의 어느 저수지로, 군데군데 자라난 수초 사이로 원앙, 쇠물닭, 해오라기, 백로 같은 다양한 물새들이 살아가고 있었습니다. 그런 만큼 흰뺨검둥오리에게도 적당한 서식지가 될 것입니다. 그날 도로 위를 건너지만 않았다면, 어미와 함께 더 일찍 이런 멋진 자연의 품에서 살아갈 수 있었을 텐데…… 하는 생각이 들었습니다. 동시에 흰뺨검둥오리를 구조하던 순간부터 지금까지의 모든 기억이 머릿속을 스쳐 지나갔습니다.

흰뺨검둥오리가 살기에 적합한 저수지.

드디어 고대하던 자연과 만나는 시간이 되었습니다. 상자의 문이 하나씩 열리고, 안에 있던 흰뺨검둥오리들이 조심스럽게 상자 밖으로 첫발을 내딛기 시작했습니다. 한 걸음, 한 걸음을 떼는 것도 매우 조심스러워 보였습니다. 태어난 지 얼마 되지 않은 채로 구조되어 그동안 사방이 철망과 벽으로 둘러싸인 계류장에 머물고 있었으니 넓디넓은 야생이 낯선 것도 무리는 아닙니다. 하지만 녀석들은 더는 나약하기만 한 새끼 오리가 아니었습니다. 훨씬 더 강인하고 멋진 '야생동물'의 위용을 드러내며 성큼성큼 걸어 저수지로 다가갔습니다. 그러곤 너나할 것 없이 물에 몸을 맡기기 시작했습니다. 유유히 수영을 즐기는 녀석이 있는가 하면, 꽥꽥 소리를 내며 신나게 물장구를 치는 녀석도 있었습니다. 갑자기 한 마리가 물 위를 박차고 날아오르자 다른 녀석들도 일제히 하늘 위로 몸을 던졌습니다. 그동안 좁은 공간에 머물며 느낄 수 없었던 자연을 온몸으로 받아들이는 듯했습니다. 그런 그들의 모습을 바라보고 있노라니 잘 살아갈 것이라는 확신이 들었습니다.

마침내 자연으로 돌아가게 된 흰뺨검둥오리.

박스에서 나와 성큼 걷는 흰뺨검둥오리.

우리 머리 위를 스쳐 지나가는 흰뺨검둥오리.

한참을 바라보다가, 이제 정말 마지막 인사를 하고 뒤돌아 가려는데 한 친구가 우리의 머리 위로, 그것도 아주 가까이 다가왔습니다. 어쩌면 구해 줘서, 그동안 돌봐 줘서 고맙다는 말을 하려는 것이 아니었을까요. 아니면 잘 살아갈 테니 걱정하지 말라는 인사였을지도 모르겠습니다.

"그래, 우리도 고맙다. 다치지 말고 부디 잘 살아라."

도로 위에서 만났던 흰뺨검둥오리와의 인연은 이렇게 막을 내리게 되었습니다. 하지만 아직 완전히 끝난 것은 아닙니다. 빈번하게 일어나는 위험한 사고, 사람과 야생동물 모두에게 피해를 주는 로드킬. 살기 위해 도로를 건너야만 했던 동물들이 영문도 모른 채 당하는 이유 없는 죽음이라는 점에서 로드킬은 어쩌면 인간이 야생동물에게 가하는 가장 비윤리적인 행위일지도 모릅니다. 도로와 자동차 때문에 야생동물이 겪는 위태로움과 고통을 흰뺨검둥오리를 통해서 생생히 알게 되었습니다. 분명히 지금 이 순간에도 어디에선가 위험에 처해 있는 친구들이 있을 것입니다. 그들을 지켜주기 위해 우리가 무언가 준비해야 하지 않을까요? 이 흰뺨검둥오리들이 어미가 되었을 때, 그들의 새끼를 데리고 안전하게, 마음 편히 살아갈 수 있는 그런 세상을 만들어 줘야 하니까요.

로드킬, 야생동물은 어디로 다녀야 할까?

우리나라는 국토 면적 대비 도로가 가장 많은 나라 가운데 하나로 손꼽힙니다. 전국 곳곳마다 도로가 건설되어 있으며, 그 길이는 이미 10만 킬로미터를 훌쩍 넘어섰습니다. 도로는 경제 발전의 밑거름이 되고 우리 삶을 편하게 해 주지만 반대로 야생동물에겐 충돌 사고를 포함해 서식지 단절, 환경오염 등을 일으켜 그들의 삶에 직접적인 악영향을 끼칩니다. 실제로 구조센터에서 구조하는 동물의 조난 원인 가운데 상당 부분이 다름 아닌 차량과의 충돌이죠. 특히나 이 사고로 목숨을 잃거나 심각한 장애를 입게 되는 경우가 대부분입니다.

"나는 가던 길을 갔을 뿐이고…… 동물이 갑자기 도로 위로 뛰어들어 와서 미처 피할 수 없었어. 내 잘못이 아니야."

누군가는 이렇게 말합니다. 일리가 있습니다. 어느 누가 동물을 치고 싶어서 칠까요? 사실 동물만이 로드킬에 의한 피해자는 아닙니다. 운전을 하다가 동물을 치게 되는 '사람' 역시 피해자일 수밖에요. 그들이 받게 되는 경제적, 정신적 피해 역시도 상당한 수준입니다. 그뿐만 아니라 자칫 인명 피해가 발생하는 큰 사고로 이어지기도 합니다. 그렇다면 동물의 잘못일까요? 로드킬의 원인을 '동물이 도로 위에 올라왔기 때문에'라고 생각한다면 동물의 탓이라고 이야기할 수도 있겠습니다. 하지만 동물이 왜 도로 위로 올라오는지를 한번쯤이라도 고민해 봤다면 절대로 '로드킬'을 동물들의 탓으로 돌릴 수 없습니다.

'야생동물들이 처절하게 죽어 나가는 도로, 이 도로가 생겨나기 이전에 이곳은 어떤 곳이었을까……?'

질문에 대한 답을 떠올리는데 그리 오래 걸리지 않습니다. 도로가 생겨나기 이전에 이곳은 야생동물들이 살아가던 삶의 터전이었다는 것을

차량과 충돌해 폐사한 수달.

누구나 쉽게 떠올릴 수 있으니까요. 그곳에 도로가 생겨나면서 동물들의 살아가던 환경에 큰 변화가 찾아왔습니다. 도로 때문에 기존 서식지가 파편화되기도 하고, 심하게 훼손되었으며 환경오염도 가속화되었습니다. 서식지가 파괴되면서 더이상 먹이를 구하기 어려워지거나 살아갈 수 없었던 동물들은 다른 서식지를 찾아 이동해야 했고, 그러기 위해선 필히 죽음이 도사리는 도로를 건너야만 했습니다. 그리고 동물들에겐 각각의 생태적 삶에 맞는 행동반경이 있는데, 지금과 같은 도로 상황이라면 그 범위에는 도로가 포함될 수밖에 없습니다. 이것이 야생동물이 도로를 건너는 이유입니다.

사실 동물들은 도로가 얼마나 위험한지 알고 있습니다. 그렇지만 살기 위해서는 목숨을 걸고 도로를 건너는 수밖에 없습니다. 상황이 이러한데 '로드킬'을 동물의 탓으로, 그들의 선택 탓으로만 돌려도 되는 걸까요?

로드킬에는 또 다른 문제가 있습니다. 일단 사고가 발생하면, 그 자리에서 계속해 2차, 3차 사고가 일어날 수 있다는 점입니다. 몇몇 동물은 사체를 먹기 위해 도로 위에 머물기도 합니다. 동물이 다른 동물의 사체를 먹는다는 것은 자연 생태계에서 에너지를 순환시키는 지극히 당연한 일이고, 해충의 집단 발생이나 질병의 확산을 차단하는 역할을 하기에 매우 중요하지만 그것이 도로 위라면 이야기가 달라집니다. 사체를 먹으려는 동물들 역시 로드킬을 당할 수 있습니다. 로드킬이

로드킬을 부르는 셈입니다. 또한 2차 사고는 동물뿐 아니라 사람에게도 위험합니다. 사체를 밟고 자동차가 미끄러지거나 급하게 피하려다 사고가 발생할 수 있습니다.

사체를 먹기 위해 도로에 날아든 까치. 2차 사고로 이어질 위험이 높다.

상황이 이러한데도 도로는 계속해서 생겨나고 있습니다. 도로로 닿지 못할 곳이 없다고 해도 과언이 아닙니다. 사실 국내에는 사용량이 극히 드물어 버려지다시피 한 도로도 상당히 많습니다. 그럼에도 계속해서 생겨나는 도로들은 궁지에 처한 야생동물을 더욱 벼랑 끝으로 몰아내고 있습니다.

또한 로드킬이 나오는 상관없는 다른 사람의 이야기라고 생각한다면 이는 한참 잘못된 생각입니다. 그 누구든 로드킬의 피해자가 될 수 있습니다. 자동차에 오르내리고, 도로를 이용하는 우리 모두와 떼려야 뗄 수 없는 것이 바로 로드킬이기 때문입니다. 하다못해 자동차와 충돌했거나 충돌할 위기에 처한 동물을 목격하게 될 수도 있습니다.

도로 위에서 살아 있는 동물을 발견했다면 빨리 도와주어야 한다.

로드킬 현장과 맞닥뜨렸을 때, 방법을 잘 모른다면 도움을 주고 싶어도 줄 수 없습니다. 과연 어떻게 대처하는 것이 가장 안전하고 바람직한 방법일까요?

❶ 동물을 발견했다면 다른 운전자의 운행에 방해되지 않도록 갓길이나 공터

같은 안전한 곳에 차를 정차시킵니다.

❷ 사고 발생 지점에서 멀리 떨어진 후방에 안전삼각대나 경광봉, 불꽃신호탄을 세워 비상 상황임을 알립니다.

❸ 주변의 상황과 교통량을 살피면서 동물에게 조심히 접근합니다.

❹ 이때 동물과의 직접적 접촉은 가능한 한 피하면서 담요, 수건, 장갑 따위를 이용해 동물을 포획한 후 안전한 장소로 대피시킵니다.

❺ 동물이 살아 있으면 해당 지역을 담당하는 야생동물구조센터에 연락해 도움을 요청합니다. 이때에는 상황에 대한 객관적 정보(발견 시각, 위치, 동물 종, 기립 및 보행 여부 등)를 최대한 많이 전달해 시행착오를 줄일 수 있도록 합니다.

❻ 동물이 이미 폐사했다면 각 도로를 담당하는 기관이나 지자체에 연락해 사체의 처리를 요청합니다.

이러한 과정에서 무엇보다 중요한 것은 '안전'입니다. 어떠한 상황에서도 나와 다른 운전자의 안전이 최우선입니다. 동물을 지키려는 선의의 마음으로 구조하고 상황을 수습하는 것인데, 그 과정에서 또다시 피해자가 생겨난다면 그만큼 안타까운 일이 또 어디 있을까요. 이처럼 야생동물을 위협하는 것은 곧 우리를 위협할 수도 있음을 기억해야 합니다.

여름과 새끼동물

당당한 야생의 구성원이 되기까지

여름은 바야흐로 새끼동물과의 전쟁입니다. 귀여운 새끼동물과 부대끼는 정도 아니냐고요? 직접 겪어 보면 왜 전쟁이라고 하는지 이해할 겁니다. 둥지에서 떨어진 황조롱이, 어미를 미처 쫓아가지 못하고 덩그러니 남겨진 흰뺨검둥오리, 풀을 베어 내는 과정에서 발견된 눈도 못 뜬 삵, 장마철 불어난 물에 떠내려가다가 하수구에 빠진 채 발견된 수달, 사람에 의해 어미와 생이별하게 된 고라니까지 참으로 다양한 종의 새끼동물이 구조됩니다. 온종일 녀석들의 뒤치다꺼리를 하느라 정신이 없죠. 출근과 동시에 하는 일이 새끼동물에게 먹일 분유를 타고, 항문을 톡톡 두드려 배설을 유도하는 일이니까요. 종이나 발달 정도에 따라 먹이의 종류나 제공할 방법도 다르기에 고려해야 할 것도 많고, 시간도 오래 걸립니다. 더군다나 새끼동물

새끼 삵에게 인공 포유를 하고 있다.

들은 조금씩 자주 먹어야 하기에 하루 한두 번 먹여서는 잘 키워낼 수 없거든요. 심지어 작은 참새목 조류의 새끼는 삼십 분에 한 번씩 곤충을 입안으로 넣어줘야 합니다. 그렇기에 온종일 먹이를 준비하고, 먹이고, 치우면 곧바로 또 먹이를 만들어야 할 정도입니다.

　태어난 지 얼마 되지 않아 어미와 떨어진 새끼동물은 자연적으로 도태됩니다. 야생의 섭리지요. 하지만 녀석들을 구조하면서 그들이 어미를 잃고 미아가 되기까지 사람들이 막대한 영향을 끼친다는 것을 알았습니다. 충남 야생동물구조센터에서는 한 해에만 300마리에 가까운 새끼동물을 구조합니다. 몇 년 사이 점점 늘어나는 추세이죠. 우리나라에 서식하는 야생동물의 개체 수가 증가하면서 새끼동물의 개체 역시 증가(그럴 가능성은 작아 보입니다.)한 것인지, 야생동물이 처한 실태를 알게 된 사람들이 많아지면서 도움의 손길이 늘어난 것인지는 더 알아봐야겠지만, 그만큼 많은 새끼동물이 오

늘날 위험에 처해 있다는 뜻이지요. 어떤 날은 스무 마리가 넘는 새끼동물을 구조하기도 합니다. 녀석들을 일일이 돌봐야 하는 직원들 입장에서는 체력적으로도 힘들지만 감당해야 할 마음의 무게도 상당하답니다.

이런 작은 생명들이 센터를 가득 채운다.

아무래도 새끼동물은 연약합니다. 면역력도 낮고요. 그러다 보니 가벼운 장염이나 감기 정도로도 갑자기 죽음에 이릅니다. 부모의 마음으로 정성스레 돌보던 녀석이 한순간 건강 상태가 나빠지면 녀석을 바라보는 직원들의 심정이 오죽할까요……. 너무나 속상해하며 무기력에 사로잡힙니다. 그런 감정이 혹여 다른 새끼동물을 돌보는 데 나쁜 영향을 줄까 내색하지 않으려고 노력하지만, 감정을 추스르기가 쉽지 않습니다. 남은 녀석들을 위해서라도 억지로 털고 일어서야 합니다.

새끼동물을 돌보면서 주

설사를 반복하던 새끼 고라니가 결국 폐사했다.

의해야 할 점은 또 있습니다. 새끼동물은 정말 너무나도 귀엽고 사랑스럽죠. 사실 야생동물뿐 아니라 지구에 사는 생물의 새끼들은 대체로 귀엽습니다. 이건 우연의 일치가 아니라 철저한 생존 전략으로도 여겨집니다. 귀엽고 호감 가는 외모가 부모나 다른 성체로 하여금 보호 본능을 이끌어 내는 거죠. 그래서 조심해야 합니다. 녀석들의 치명적인 귀여움에 매료되어 나도 모르게 사랑을 쏟게 되거든요. 하지만 그건 녀석들에게 전혀 도움이 되지 않습니다. 정말 새끼동물을 위한다면 사람과 긍정적 감정 교류가 생기지 않도록 철저히 감정을 숨겨야 합니다. 야생성이 누그러진 새끼동물은 훗날 야생에서의 삶을 기약할 수 없게 될지도 모르거든요. 그렇기에 귀엽다고 쓰다듬거나 함께 장난을 치며 노는 것은 금물입니다. 조금만 조심하면 녀석들은

아직 어린 삵이지만 사람에 대한 경계를 늦추지 않는다.

대체로 사람을 무서워하는 야생동물로 자라게 됩니다. 어렸을 때는 사람의 자극에도 별다른 반응이 없던 녀석들이 점차 자라면서 경계하거나 심지어 공격성을 띠는 것을 보면, 어쩌면 야생동물의 디엔에이DNA 깊숙한 곳에 사람을 두려워하는 유전 인자가 있는 게 아닐까 하는 생각이 들 정도입니다.

어쨌든 어미도 없이 자라는 녀석들을 보고 있노라면 마냥 한숨이 나옵니다. 건강하게 잘 키워 내는 것도 쉬운 일은 아니지만, 잘 키워 낸다 한들 야생에서 잘 살아갈지 걱정이 앞서기 때문입니다. 사람이 아무리 녀석들을 정성 들여 돌보아도 어디 제 어미한테 돌봄을 받는 것만 할까요. 많은 부분에서 부족할 수밖에요. 사냥하는 방법도, 위험이 닥쳤을 때 몸을 숨기는 것도

새끼 동물들은 서로를 의지하고 배우며 성장해 나간다.

제 어미만큼 완벽히 가르칠 수 없습니다. 그래도 녀석들이 운동장에서 서로 뒤엉켜 놀고, 넘어지고, 서로의 꼬리를 사냥감 삼아 쫓고 쫓기는 모습을 지켜보노라면 다시금 힘이 불끈 솟습니다. 부족하지만 녀석들을 위해 최선을 다하는 것이 우리의 역할이라는 사실을 되새기죠. 녀석들 때문에 속상하지만 또 녀석들에게 치유를 받는다고나 할까요?

비록 부족하지만 녀석들이 야생에서 살아갈 때 필요한 기본 능력을 갖추도록 최선을 다해 도와줍니다. 야생에서처럼 먹이를 어렵게 얻도록 꾸며 놓거나, 살아 있는 동물을 풀어놓아 사냥 실력을 키워 줍니다.

구조센터에서 육식동물에게 제공하는 먹이는 기본적으로 병아리나 메추리, 쥐 같은 작은 동물입니다. 구조 동물에게는 생명이 꺼진 동물을 먹이로 제공하는 것이 원칙인지라 이런 작은 동물들을 미리 안락사시켜 먹이로 보관하고 있습니다. 때에 따라 살아 있는 먹이를 주기도 하지만 윤리적인 문제가 뒤따릅니다. 비록 먹이원으로 이용되는 녀석들이지만 적어도 고통스럽게 죽지 않을 권리가 있는데, 산 채로 제공한다면 그 마지막 권리마저도 빼앗는 셈이니까요. 사면이 벽으로 둘러싸여 위기에서 벗어날 가능성이 희박한 상태에서 사냥당하는 것을 야생에

땅에 먹이를 묻어 주어 후각을 이용해 먹이를 찾는 능력을 키워 준다.

서 겪는 고통과 똑같이 치부할 순 없겠죠. 그렇기에 최대한 살아 있는 동물을 먹이로 제공하는 것은 피하고 있습니다. 하지만 새끼동물의 사냥 능력을 검증하는 과정에서는 불가피하게 제공하기도 합니다. 사냥할 의지나 능력을 검증하지 않은 채 자연으로 돌려보내는 것은, 구조센터의 입장에서는 굉장히 무책임한 일이니까요.

그렇게 우여곡절을 겪으며 무사히 성장한 녀석들은 자연으로 돌아가게 됩니다. 태어나 지금까지 대부분을 철망이나 벽으로 둘러싸인 공간에서 살아온 녀석들에게 야생으로 첫발을 내딛는 순간은 꽤 두려울 겁니다. 제한된 공간이 아닌 야생에서의 사냥도 처음일 테고, 자신을 위협하는 여러 상황과 마주해야 하죠. 그런 과정에서 시행착오도 여러 번 겪고, 고생도 꽤 할 겁니다. 어쩌면 목숨을 잃을지도 모릅니다. 그것을 극복하는 것은 이제 녀석들에게 달려 있습니다. 속은 후련하지만 걱정이 되지 않는다면 거짓말이겠죠.

하지만 후회는 없습니다. 매 순간 긴장하며 살아가야 할지언정 구조센터의 삶보다는 야생에서의 삶이 훨씬 더 녀석들에게 행복하다는 것은 확실하니까요. 부족한 환경에서나마 어

녀석들이 야생에서 멋지게 살아가길 바란다.

렵게 자라난 녀석들이 자연으로 돌아가 정말 잘 살았으면 좋겠습니다.

"당당한 야생의 구성원이 되어 너희와 같이 귀여운 새끼도 낳고 잘 길러 내면서 하루하루 행복을 만끽하렴!"

3장

秋

가을

자연의 품으로 돌아갈 시간

사실 구조센터에서 야생동물과의 만남이 반가울 리 없습니다. 건강한 야생동물이 제 발로 찾아오는 곳은 아니니까요. 모든 야생동물은 저마다의 아픈 사연과 상처를 지닌 채 의도치 않게 누군가에게 이끌려 구조센터에 오게 됩니다. 녀석들 역시 우리를 반가워하지 않는 눈치이고요. 구조한 동물들은 하나같이 사람을 극도로 경계하는데 상처로 인한 통증과 사고 트라우마, 치료하는 상황임을 알 턱이 없는 데서 오는 두려움 때문이겠죠. 어쨌든 녀석들도 이 만남을 내켜 하지 않는 건 확실해 보입니다.

그러나 세상사 그러하듯 만남이 있으면 헤어짐이 있습니다. 구조센터가 딱 그렇습니다. 어제 들어온 고라니가 오늘 떠날 수도 있는 곳이죠. 떠난다

방음벽에 충돌해 고통스러워하는 올빼미.

는 건 숨이 끊어질 수도, 자연으로 돌아갈 수도 있음을 말합니다. 이처럼 야
생동물구조센터는 만남과 이별이 수없이 교차하는 곳입니다. 그렇기에 이
곳에서 다친 동물을 돌보며 살아간다는 것은 감정적으로 힘들 때가 많습니
다. 무뎌져야 견딜 수 있겠지만, 그것 역시 쉽지 않죠.

　그나마 가을은 이야기가 다릅니다. 만남이 반갑지 않은 것은 다를 바 없
지만, 적어도 슬픈 이별보다 반가운 이별이 더 많기 때문이죠. 야생동물구조
센터의 가을은 쉽게 말해 '창고 대 방출'을 진행하는 시기입니다. 여름내 쏟

자연으로 돌아가는 야생동물들. 반가운 이별의 순간이다.

아져 들어왔던 젖먹이 새끼동물을 피, 땀, 눈물로 키워내 야생으로 돌려보내는 계절이랍니다.

녀석들을 키워 내느라 가슴이 무너질 만큼 힘겨운 시간을 보내왔기에, 이별이 너무나도 반갑고 홀가분합니다. 하지만 힘든 시기를 함께 동고동락하며 버텨내 준 녀석들이 걱정되지 않는다면 거짓말이겠지요. 마음속으로 꼭, 꼭 야생에서 멋지게 제 삶을 살아가길 바라고 또 바랍니다.

녀석들은 우리의 그런 마음은 안중에도 없는지 뒤도 안 돌아보고 야생으로 달음박질칩니다. 그런 모습에 서운한 마음이 드냐고요? 전혀 그렇지 않습니다. 오히려 고맙습니다. '녀석, 잘 살겠구나' 하며 안도하죠. 이처럼 야생동물과 구조센터 모두에게 가을은 반가울 수밖에 없는 착한 이별의 계절입니다.

뒤돌아보지 않고 달음박질치는 삵의 뒷모습.

바늘꼬리칼새

세상에서 가장 빠른 새를 멈추게 한 것은?

'바늘꼬리칼새'라는 새가 있습니다. 많은 이에게는 이름조차 생소하지만 전문가들에게는 꽤나 대단한 새로 평가받고 있습니다. 칼새라는 이름에 걸맞게 비행 속도가 엄청나게 빠르거든요. 하강 비행은 매나 군함조가 더 빠르지만, 지면과 수평하게 비행할 경우 바늘꼬리칼새의 속도에 따라올 동물은 없습니다. 바람의 저항을 정면으로 맞서는 비행인데도 최대 속도가 170km/h에 이른다고 하니, 얼마나 빠른 녀석인지 가늠조차 어렵습니다.

바늘꼬리칼새는 우리나라에서 그다지 흔하게 관찰되는 새는 아닙니다.

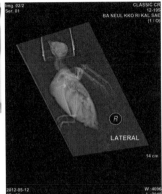

세상에서 가장 빠른 새도 유리창을 피하긴 어렵다.

흉골(가슴뼈) 골절을 확인할 수 있다.

워낙에 작고 빨라 관찰도 힘들뿐더러, 이동 시기에 일부 섬과 해안가에서나 관찰할 수 있습니다. 이처럼 한번 보기도 어려운 이 새가 구조되어 야생동물구조센터에 오게 되었으니 이것 역시 흔한 일은 아닙니다.

사연은 이렇습니다. 어느 날, 바늘꼬리칼새 한 마리가 빠른 속도로 비행하다가 유리창을 미처 피하지 못해 충돌하는 사고가 벌어졌습니다. 그 충격으로 가슴의 기낭(Air sacs)이 터져 피하 조직으로 공기가 들어가 기종이 발생한 상태였고, 엑스레이를 찍어 보았더니 흉골이 부러져 있었고요. 소독한 바늘을 이용해 피하 조직에 들어간 공기를 제거한 후 안정을 취하게 해 주었습니다. 부러진 흉골 역시, 수술보다는 자연적으로 붙게끔 유도하였고요.

이처럼 유리창은 새들에게 죽음의 문이 되고 있습니다. 유리창 탓에 수많은 새들이 불의의 사고를 겪고 있죠. 실제로 광범위한 서식지 파괴 다음으로 유리창이나 건물과의 충돌이 조류의 죽음을 부르는 원인으로 꼽힙니다. 미국에서만 일 년에 약 3억 5천에서 10억 마리가 유리창에 부딪혀 죽는다는 연구 결과가 있으니 실로 엄청난 문제 아닌가요? 이처럼 유리창 충돌로 많은 새들이 목숨을 잃고 있지만, 건물 전체를 통유리로 짓는 일이 점점 많아지는 오늘날, 유리를 사용하지 말자고 주장할 수도 없는 노릇입니다.

새들이 유리에 부딪히는 이유는 이러합니다. 유리창이 너무 투명해서 장애물이라는 걸 미처 인식하지 못하는 거죠. 또 어떤 유리창은 반사가 발생합니다. 거울과 다름없이 자신의 모습과 살아가는 환경이 고스란히 비춰 끝없이 자연이 펼쳐져 있다는 착각을 일으키죠. 그런 유리의 성질을 빠른 속도로 비행하면서 파악하기란 그리 쉽지 않은 것 같습니다.

반사가 발생하는 유리창에 충돌한 멧비둘기.

그렇다면 우리가 무엇을 할 수 있을까요? 농담 삼아 권하는 좋은 방법으로는 '유리창 청소를 게 을리 하자'입니다. 얼룩이 유리창에서 발생하는 반사나 투명함을 줄일 수 있으니까요. 하지만 유리의 장점이 무색해지는 방법이죠. 그래서 버드세이버라는 맹금류 무늬 스티커를 많이 붙이고 있지만, 붙이지 않은 부분은 여전히 유리의 성질을 보이니 이 역시 완벽한 해결책은 아닙니다.

다행히도 사고를 줄일 다른 방법들이 있습니다. 많은 조류는 사람이 볼 수 없는 자외선 영역을 보는 능력이 있거든요. 자외선 반사 필름을 유리에 붙이면 사람은 모르지만 새들은 장애물이라는 걸 인식하고 피할 수 있죠. 이밖에도, 조류 친화형 건축 디자인이나 타공필름, 반투명필름 부착과 같이 새들이 유리창에 충돌하는 것을 예방하는 다양한 방법이 있습니다.

유리창에 부딪쳐 구조센터에 들어온 바늘꼬리칼새는 워낙 희귀했기 때

너무 투명하거나 반사가 되어 주변 환경이 비치면 새들은 방음벽을 구조물로 인식하지 못한다.

문에 직원들의 많은 관심을 받았습니다.

바늘꼬리칼새는 녀석의 외형에서 본뜬 이름이라는 걸 알 수 있었습니다. 이 새의 꼬리를 보면, 꽁지깃 끝부분에 정말 '바늘'이 붙어 있거든요. 물론 우리가 생각하는 쇠 바늘이 아니라 끝 부분이 뾰족한 깃털 바늘입니다. 영어 이름도 'White-Throated Needle-Tailed Swift'로 꽁지깃에 바늘이 있고, 목 부분의 털이 하얗다는 외형적 특징을 고스란히 나타냅니다. 또 발톱은 매우 날카로워 암벽에 수직으로 매달릴 수 있고, 보통의 조류와 달리 네 번째 발가락이 뒤로 돌아가 암벽을 엑스(X) 자로 쥘 수도 있습니다.

그리고 녀석의 몸은 빠른 비행에 특화되어 있습니다. 우선 날개깃이 몸

암벽에 매달리는 습성을 지닌 바늘꼬리칼새.

에 비해 매우 길고 가는데, 이런 특징 때문에 바람의 저항을 줄여 빠르게 비행할 수 있죠. 또한 '혹시 다리가 없는 건가?' 싶을 정도로 다리가 매우 짧은데, 이 역시 비행할 때의 저항을 줄이기 위한 몸의 진화와 관련이 있는 것으로 파악됩니다. 칼새류 중에는 학명이 *Apus*인 속이 있는데, *Apus*의 A는 '없다'를, pus는 '다리'를 의미합니다. 학명에서부터 다리가 없다고 할 정도로 짧은 다리를 지녔다는 것을 알 수 있죠. 이처럼 비행에 최적화된 몸을 지닌 칼새는 번식을 위한 경우를 제외하고는 평생을 하늘에서 보낸다고 합니다. 먹이 역시 공중에서 큰 입을 활짝 벌린 채 날아다니는 벌레를 잡아먹고, 심지어 짝짓기조차도 공중에서 한다고 하니, 대단한 새임이 틀림없습니다.

스스로 먹이를 먹지 않아 강제로 먹이를 먹여야 했다.

이처럼 평생을 하늘에서 보내는 녀석이니 다시 날아오르기를 얼마나 간절히 바라고 있을까요. 다행히 기종의 치료는 잘 끝났고, 뼈가 붙을 때까지 운동을 최소화하면서 안정을 취하면 자연으로 돌아갈 수 있는 상황이었습니다. 하지만 문제가 다 해결된 것은 아니었습니다. 이곳에 머무는 동안, 바늘꼬리칼새의 생태적 특징을 충족시켜 줄 환경을 제공하기가 사실상 불가능에 가까웠기 때문에 결국 녀석은 식음을 전폐하기에 이르렀습니다.

"녀석아, 먹이를 잘 먹어야 뼈도 빨리 붙고 건강해지지."

하루에 몇 번씩 녀석을 살포시 잡아 먹이를 직접 먹여줘야 했습니다. 워낙 작고 가벼운 데다 뼈가 부러지기까지 했으니 조심, 또 조심히 다루어야

마침내 바람과 만날 준비가 된 바늘꼬리칼새.

했죠. 그렇게 시간이 흘러갔고, 직원들의 정성스러운 보살핌 덕분에 바늘꼬리칼새는 건강을 되찾아 갔습니다. 비행도 가능해졌고, 체력도 회복되어 자연으로 돌아가 충분히 살아갈 정도로 말입니다.

녀석을 자연으로 보내주기 위해 서해 바다와 가까운 곳으로 향했습니다. 유난히 바람이 많이 부는 날이었습니다. 바늘꼬리칼새가 드넓은 하늘에서 바람을 타고 자유로이 노닐기에 딱 좋은 날이었죠. 상자가 열리자 녀석은 어리둥절한 듯 잠시 머뭇거렸지만 이내 빠르게 튀어 나갔고, 정말 빠른 속도로 순식간에 하늘 속으로 사라졌습니다. 평생을 하늘에서 바람을 타고 살아가야 하는 녀석이 하늘과 하나가 된 순간이었습니다.

버려진 밭 그물이 위험하다!

야생동물의 삶을 막아서는 것은 무수히 많습니다. 회색빛 건물과 즐비한 유리창, 눈부신 굉음을 내뿜으며 내달리는 자동차 그리고 곳곳에 설치된 도로, 녀석들을 가로막는 위험은 어느 곳에나 있습니다. 농작물을 보호하기 위한 '밭 그물'도 그렇습

법정 보호종 새매가 널브러진 밭 그물에 걸려 있다.

니다. 어느 날, 신고를 받고 현장에 나가 보니, 천연기념물 제323-4호이자 멸종위기 야생생물 2급에 지정된 보호종 '새매'가 밭 그물에 얽혀 매달린 채 거칠게 숨을 헐떡이고 있었습니다. 녀석을 구조한 후 주변을 살펴보니 약 100m가 조금 넘는 길이의 그물이 과수원 주위를 둘러싸고 있었습니다. 그리 길지 않은 그물에서 보호종 맹금류 세 구를 포함해 어지럽게 널려 있는 총 아홉 구의 사체를 발견했습니다. 고작 밭 그물을 한 번 관찰했을 뿐인데, 살아 있는 새매까지 총 열 마리의 새가 걸려 있다는 건 앞으로도 얼마든지 많은 동물이 같은 피해를 겪을 위험이 있다는 얘기였죠.

밭 그물은 야생동물의 접근을 막고, 외부로부터 농작물을 보호하는 것이 목적입니다. 하지만 현장에서 발견한 그물은 오랜 시간 방치되어 곳곳이 찢어지거나

말려 올라가 침입 방지의 역할이 유명무실했습니다. 관리 감독이 소홀하고 더는 농사를 짓지 않는다면 그물을 제거해야 합니다. 법정 보호종을 포함한 불특정 다수의 동물이 피해를 겪고 있으니까요. 하지만 안타깝게도 이런 문제를 해결할 방법이 없습니다. 정부 기관에 문의하니 농작물 피해를 우려해 설치한 시설물을 지도하고 감독할 권한이 자신들에게 없다는 입장이었습니다. 사실상 사용하지 않는 폐그물인데도 철거하기가 이렇게 어렵습니다. 그물의 사용과 선택에 부분적 제한을 두거나 지자체에서 주기적으로 점검해 폐그물의 철거나 수거를 농민들에게 권고할 수 있다면 불필요한 피해를 줄일 텐데 하는 아쉬움이 듭니다. 현재로서는 농민 개개인의 의지에 맡기는 수밖에 없습니다. 그물의 두께가 굵은 것을 사용해 야생동물이 그물이 있다는 것을 쉬이 알아차리게 하거나, 부드러운 재질을 이용해 몸이 걸리더라도 조금은 더 쉽게 빠져나가게 하는 것 그리고 그물이 필요 없어지면 깨끗하게 철거해 불필요한 희생을 줄이려는 배려가 절실합니다.

밭 그물을 설치하지 말자는 것은 하나마나한 이야기겠죠. 농작물을 소비하는

지나치게 얇고 가늘어 사람의 눈에도 보이지 않는 밭 그물.

한 사람의 입장에서 농민의 권리와 선택이 잘못이라고 얘기할 수 없습니다. 야생동물로 피해를 겪는 농민들의 마음도 동물의 생명권만큼이나 중요히 헤아려야 하니까요. 다만 이제는 그렇게 서로의 입장만 내세우기보다는 경제적, 감정적, 생명의 소모를 불러일으키는 갈등을 줄이기 위한 실질적 고민이 필요하지 않을까요? 밭에 그물을 설치하는 이유가 야생동물의 접근을 막으려는 것이지, 자신에게 피해를 끼치는 야생동물을 죽여 없애고 분풀이를 하려는 목적이 아니라면, 피해를 겪는 농민도 같은 마음일 겁니다.

가
을
—

매
—

잘못된 관리로 자연을 잃게 된 새

어느 동물병원의 수의사에게 연락이 왔습니다.

"여기 동물병원인데요. 저희가 그…… 매로 보이는 새 한 마리를 한 달 전부터 데리고 있거든요? 근데 얘가 다친 곳도 없는 것 같은데 날지를 못하네요. 좀 도와주세요."

꽤 자주 발생하는 일입니다. 야생동물구조센터를 잘 모르는 사람이 조난 당한 야생동물을 발견하면 대부분은 가까운 동물병원에 도움을 요청합니다. 하지만 야생동물의 치료는 보통의 반려동물 치료와는 완전히 다릅니다.

생태적, 신체적 특징에 맞는 치료를 해야 하므로 전문 지식이 요구될 수밖에 없습니다. 이는 치료 이후의 재활과 관리에서도 마찬가지입니다. 그 때문에 일반 동물병원에서 다시 야생동물구조센터에 종종 도움을 요청합니다.

이번 경우에도 누군가가 다친 매를 구조해 동물병원에 데려갔을 테고, 매를 보호하던 동물병원 측은 시간이 지나도 나아지지 않는 매의 상태를 보고 야생동물구조센터에 연락을 취한 겁니다.

동물병원의 좁디좁은 철장 안에 갇혀 있는 매의 모습은 처참하기 그지없었습니다. 비행에 필수적인 날개깃과 꽁지깃이 대부분 손상되어 있었고, 일부는 부러진 상태였습니다. 좁은 공간이 익숙하지 않은 야생동물에게 이런 환경은 극도의 스트레스를 불러옵니다. 예민해진 동물들은 무리하게 움직이거나 계속해서 같은 움직임을 반복하는 정형 행동을 보이기도 하는데, 이 과정에서 예기치 못한 외상이나 깃 손상이 발생합니다. 깃을 보호하는 것이 얼마나 중요한지 아는 구조센터에서는 좁은 공간에 머물더라도 깃 손상을 방지하는데 굉장히 많은 노력을 기울이지만, 이를 몰랐던 동물병원의 수의사는 적절치 않은 환경에 매를 무방비 상태로 방치한 것이나 마찬가지였습니다.

일반 동물병원의 비좁은 철장에 갇혀 지냈던 매.

매를 구조센터에 데려와

정밀히 살펴보았는데, 깃에 손상이 생겨 비행이 원활하지 않은 점을 빼고는 큰 이상이 없었습니다. 날개깃과 꽁지깃을 새로 갈아 내면 자연으로 돌아갈 수 있는 상태였습니다. 그러기 위해서 꽤 오랜 시간 구조센터에 머물러야 하겠지만요. 그런데 한 가지 걱정되는 점은 매의 발바닥 피부가 붉게 충혈되어 있다는 것이었습니다.

"한 달이라는 긴 시간 동안 철장 안에 머물면서 발바닥에 무리가 가해졌을 거야. 어쩌면 범블풋으로 이어질 수도 있겠어."

범블풋Bumble foot은 사육 상태의 조류, 특히 맹금류와 물새류에게 발병하는 흔한 질병입니다. 보통 발바닥이나 발가락에 생기는 일종의 피부 질환

범블풋이 발생한 매의 발바닥.

인데 곰팡이나 세균 때문에 감염되거나 이물질에 의한 자극으로 발생합니다. 제한된 공간에서 지내다 보니 활동성이 떨어져 체중이 과하게 불거나 부적절한 횟대, 청결하지 못한 사육 장소 따위가 원인입니다.

이 매 역시 오랜 시간 움직임이 자유롭지 못한 좁은 철장 안에 머물다 보니 체중도 크게 증가했고, 무엇보다 철망에 의한 강한 압력이 발바닥에 가해진 상황이었습니다. 다행히 심하지 않았기에 지속적으로 검사하면서 범블풋이 진행되는 것을 예방하기로 했습니다.

그렇게 시간이 흘렀습니다. 깃갈이를 하기까지는 최소 일 년 정도의 시간이 걸리므로 매는 꽤 오랜 시간 구조센터에 머물러야 했습니다. 시간이 지나면서 직원들 역시 다른 동물을 구조하고 관리하느라 매일같이 녀석의 발바닥을 살펴보지 못했고, 조금씩 관심도 뜸해졌습니다. 그러던 어느 날, 매가 횟대에 앉아 있는 모습이 이상해 보였습니다. 걸음걸이가 상당히 부자연스러웠는데, 마치 발바닥이 아파 잘 딛지 못하는 것 같았습니다. 서둘러 녀석의 발바닥을 검사하니 아니나 다를까, 우려했던 상황이 벌어지고야 말았습니다. 깃만 갈아 내면 건강을 온전히 회복하리라 여겼는데 결국 발바닥에 범블풋이 생겨 버린 거죠. 바로 집중 치료가 시작되었습니다. 염증이 발생한 부위는 수술로 제거하고, 반복해서 소독을 해 주었습니다. 하지만 범블풋은 한번 발생하면 완치가 굉장히 어렵고, 장기적인 치료가 필요한 까다로운 질병입니다. 열심히 치료했지만, 양쪽 세 번째 발가락의 인대가 손상되어 영구적으로 사용하지 못하게 되었습니다. 맹금류가 먹이 사냥에 필수

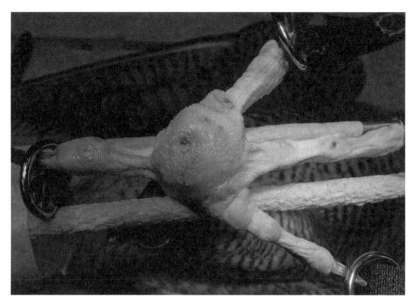

범블풋을 치료하기 위해 수술을 진행했다.

인 발에 심각한 장애를 입었다는 것은 무엇을 의미할까요?

결국 매는 야생으로 돌아갈 희망을 접어야 했습니다. 건강 상태를 제대로 확인하지 못한 직원 모두가 죄책감에서 자유로울 수 없었죠. 동물병원에서 매를 한 달이라는 긴 시간 동안 좁은 철장에 두고 방치하지 않았다면 어땠을까요? 그럼 깃도 손상되지 않았을 테고, 범블풋이 발생하기 이전에 더빨리 자연으로 돌아갈 수 있었을 겁니다. 또 치료가 끝났더라도, 다른 일에바쁘다는 핑계로 우리가 관심을 소홀히 하지 않았더라면 어땠을까요? 적어도 지금과 같은 치명적 장애는 입지 않았을 겁니다. 결국 우리의 잘못이 녀석의 자연을 빼앗아 버린 셈이죠.

그런 매에게 우리가 해줄 수 있는 일은 보다 나은 환경을 만들어 주는 것뿐이었습니다. 그렇게 '13-458 매'는 충남야생동물구조센터의 교육동물이 되었습니다. 조난당한 야생동물에게 적

수술 후 폭신한 쿠션을 신은 매.

절한 치료와 관리가 얼마나 중요한지, 구조되었다 하더라도 장기간 머물 때 관심이 뜸해진다면 그 동물들이 얼마나 위험에 처할 수 있는지를 알려주는 역할을 맡고 있습니다. 이처럼 교육동물로써 나름 생활하고 있고, 많은 사람이 관심 깊게 녀석을 돌보고 있지만, 매가 이곳에서 만족스러운 삶을 살고 있다고는 생각하지 않습니다.

야생동물은 야생에서 살 때가 가장 행복할 테니까요. 야생동물에겐 '사람의 정'이 아닌 '자연의 삶'이 필요합니다. 자연으로 끝내 돌려보내지 못했다는 마음에 녀석의 아름다운 비행이 유난히 더 슬프고 안타깝게 느껴집니다. 우리가 조금만 더 녀석을 헤아렸더라면 어땠을까요? 어쩌면…… 지금

'13-458'로 불리게 된 매가 비행 훈련을 하고 있다.

녀석은 파도가 부서지는 푸른 바다 위를 빠르게 가르며 용맹한 매의 삶을
살고 있을 텐데요.

야생동물에게 맞는 치료는 따로 있다

　야생동물구조센터에 있다 보면 늘 안타까운 상황에 맞닥뜨리게 되지만, 그중에서도 살릴 수 있는 동물을 살리지 못했을 때 가장 마음이 아픕니다. 특히 치료를 하더라도 야생동물의 특성을 이해하지 못해 오히려 동물에게 영구적인 장애를 남기게 되면 죄책감이라는 큰 돌이 마음 한편에 들어앉습니다. 그런데 이런 잘못이 구조센터가 아닌 다른 곳에서도 심심치 않게 벌어집니다.

　과거, 한 텔레비전 방송에서 날개를 다친 야생 조류를 수술하는 장면이 나왔는데, 이를 두고 논란이 일었습니다. 수술을 한 곳이 야생동물구조센터나 전문적 지식을 갖춘 동물병원이 아닌, 사람이 치료받는 일반 정형외과였기 때문입니다. 방송에서는 수술이 잘 되었고 곧 건강을 회복할 것이라고 긍정적으로 마무리되었지만, 실상은 그렇지 못했습니다. 부러진 뼈의 정도로 보아 굳이 수술이 아닌, 날개를 고정시키고 움직임을 제한하는 방법으로도 충분히 치료가 가능한 수준이었습니다. 그럼에도 굳이 위험 부담이 있는 수술을 선택했고, 그 과정 자체도 조류의 해부생리학적 특징을 전혀 고려치 않은 부적절함 투성이였습니다. 방송의 희망적 메시지와는 다르게, 그 새는 날개관절 부위 손상으로 평생 하늘을 날 수 없게 되었죠. 사람의 치료와 동물의 치료는 엄연히 다른 영역입니다. 수술한 정형외과 의사역시 많은 고민도 하고, 동물을 위하는 마음으로 수술을 했을 겁니다. 하지만 그 결과는 처참했습니다.

그런가 하면, 아예 치료의 기회조차 주어지지 않는 경우도 있습니다. 구조된 동물이 어딘가에 머무는 시간이 길어지면서, 보호자의 전문 지식 결여나 무관심으로 점차 더 큰 문제가 발생하게 됩니다. 실제로 어느 개인이 6개월 정도 보호하던 어린 수리부엉이가 구조센터에 들어왔는데, 보호자는 아무 이상이 없다고 말했지만 검사 결과 매우 심각한 골격장애가 확인되었습니다. 부적절한 사육과 운동 부족, 영양 결핍으로 다리와 날개의 골격 그리고 관절이 모두 휘어져 정상 각도를 벗어난 것입니다. 이 수리부엉이는 날개와 다리의 사용이 불가능해 결국 안락사를 시행했습니다. 녀석을 발견한 초기에 전문기관에 연락해 도움을 요청했다면 어땠을까요?

'좋은 의도를 가진 사람이 항상 좋은 결과를 낳는 것은 아니다'라는 말이 있습니다. 위험에 빠진 야생동물을 구조하고 보호하는 것은 다분히 좋은 의도이지만, 무엇이 동물에게 가장 좋은 결과로 이어질지를 냉정하게 고민하는 것이 무엇보다 중요하지 않을까요.

민간 동물구조단체에 구조되어 사실상 방치되었던 수리부엉이. 잘못된 보호로 몸 상태가 그야말로 만신창이였다.

가
을
—

저어새

──────

인고의 시간을 넘어 자연의 품으로

충남야생동물구조센터에는 꽤 오래전부터 머물고 있는 터줏대감이 있습니다. 주걱 모양의 특이한 부리를 지닌 만큼 이름도 특이한 '저어새'가 주인공입니다. 2013년 6월에 아주 어린 새끼 저어새의 모습으로 이곳에 오게 되었으니 벌써 몇 년이 훌쩍 지났네요. 이 정도면 터줏대감으로 불릴 만하죠?

이 친구는 2013년 여름, 인천에 있는 어느 바위섬에서 태어났습니다. 어미가 가져다주는 먹이를 받아먹으며 무럭무럭 자랐겠지만 약 한 달이 되었을 때, 어떠한 자연적 사고로 꽁지깃 부분의 기름샘에 감염이 발생해 깃이

꽁지 부분에 상처가 발생해 도태된 새끼 저어새.

모두 빠지고 말았습니다. 그 때문인지 점점 도태되어 가던 녀석을 발견해 구조하게 된 것이죠. 꽁지깃이 모두 빠진 것 외엔 다른 문제가 없었기에 다시 자라기를 기대하며 장기 계류에 돌입했습니다.

계절이 지나고 해가 바뀌면서 짧았던 부리가 길어지고 날개깃 끝 부분의 검은 무늬도 점차 사라져 갔습니다. 처음 접수되었을 땐 제대로 서지도 못하는 새끼 저어새였는데 어느새 어린 티를 말끔하게 벗고 성숙한 모습으로 변했습니다. 이렇게 멋진 청소년 저어새가 되었지만, 가장 큰 문제가 되었던 꽁지깃만큼은 이전과 크게 달라지지 않았습니다. 깃이 모두 빠져 버렸던 처음과 달리 몇 개의 깃이 다시 자라긴 했지만 완전히 정상적인 꽁지깃의 모습을 되찾진 못했죠.

조류에게 특정 부위 일부라도 깃이 없다는 것은 치명적인 결함입니다. 비행 능력을 결정짓는 여러 요인 가운데 하나이기 때문이죠. 때문에 저어새

식물 줄기를 물고 활보하는 저어새. 둥지를 짓는 연습을 하는 걸까?

는 이후에도 꽤 오랫동안 이곳에 머물며 비행 능력을 검증받아야 했습니다. 꽁지깃이 반 이상 없는 저어새의 방생 가능성을 한정된 공간에서 판단하기란 쉬운 일이 아니었습니다. 긴 시간 동안 섭식, 비행, 사회성, 자극에 대한 반응, 건강 상태와 같은 복합적인 면을 평가했고, 자연에서 살아갈 수 있다는 판단이 설 만큼 건강한 모습을 거듭 확인하고서야 방생을 확정했습니다.

저어새는 멸종위기 1급에 해당하는 새입니다. 전 세계적으로 동아시아에만 서식하며, 2017년 국제적으로 동시에 실시한 조사 결과 세계에 단 3,941개체만 남은 것으로 파악되었습니다. 심각한 멸종위기에 처해 있다는

주걱 모양의 부리를 물속에 넣고 저어가며 물고기를 사냥하는 저어새.

이야기죠. 그 때문에 환경부 지정 멸종위기 1급, 세계자연보전연맹인 IUCN
에서 지정한 '위기(EN-Endangered)' 단계에 등재되어 국내외에서 보호의 노력
을 기울이고 있습니다. 그 덕분에 저어새의 개체 수가 조금씩 조금씩 늘어
나고 있지만 아직 안심하기엔 이릅니다. 저어새를 위협하는 많은 요인을 줄
여 나가지 않는다면, 보호의 노력은 결국 무산되고 말테니까요. 그렇다면
저어새를 위협하는 요인으로는 무엇이 있을까요?

　가장 문제가 되는 것은 역시 서식지 훼손입니다. 우리나라에 서식하는 저
어새 대부분은 서해안의 무인도에서 집단으로 번식하고, 주변의 갯벌이나

습지에서 먹이 활동을 합니다. 허나 갯벌 매립, 간척 사업 같은 무분별한 개발은 결국 저어새의 번식지와 먹이터, 휴식 공간을 훼손하는 결과를 불러왔으며, 서식지 주변의 환경이 변해 둥지를 지을 재료가 부족해 번식에도 어려움을 겪고 있습니다.

간척 사업으로 새들의 서식지가 변해가고 있다. ⓒ 김어진

또 다른 문제로는 하천과 바다에 버려지는 쓰레기를 꼽을 수 있습니다. 무심코 버려지는 쓰레기가 하천과 바다로 흘러들어 간다면 저어

강이나 바닷가에 어지럽게 널린 쓰레기는 물새류에게 치명적 위협이 된다.

새뿐 아니라 많은 야생동물에게 큰 위협이 됩니다. 낚싯줄과 낚싯바늘과 같은 날카로운 쓰레기를 삼키거나, 이것이 몸에 걸리게 되면 치명적인 장애를 입거나 생명을 잃을 정도로 위험한 상황이 빚어집니다. 특히나 저어새는 주걱 모양의 부리를 얕은 물에 담그고 이리저리 저어가며 먹이 활동을 하는데, 이 과정에서 바닥에 떨어져 있는 쓰레기가 부리에 걸릴 가능성이 높습니다.

그래서 우리는 신중을 기해 저어새를 방생할 알맞은 장소를 찾기 시작했습니다. 구조센터의 터줏대감이었던 녀석을 방생하기 위해 선택한 장소는 어느 강의 하구였습니다. 너른 갯벌이 있어 먹이가 풍부하고 매년 번식을 끝낸 많은 개체의 저어새가 찾아와 머무는 곳이죠. 이처럼 동물을 방생할 때에는 최대한 그 동물에게 적합한 서식지를 찾아 보내주어 야생에서의 적응을 돕고, 자연스럽게 무리에 합류하도록 유도해 주어야 합니다. 현장에 도착해 주변을 살펴보니 크고 작은 저어새 무리가 눈에 띄었으며, 그 수는 약 100여 개체에 이르렀습니다. 야생 조류 100여 개체가 적은 수로 느껴질

저어새 무리가 강가에서 휴식을 취하고 있다.

수 있으나 전 세계에 3,000여 마리밖에 남지 않은 점을 감안한다면 꽤나 많은 개체가 모여 있는 겁니다. 저어새가 저 무리에 합류해 함께 진정한 야생동물로 살아가기를 희망하며 방생을 진행했습니다.

"자, 이제 진짜 너희 집으로 돌아갈 시간이야. 어서 나와!"

어두컴컴한 이송 상자에서 나온 저어새는 의아한 듯 주변을 두리번거렸습니다. 2년이라는 결코 짧지 않은 시간 동안 좁은 계류장에서 자연으로 돌아갈 순간을 기다려 왔을 저어새이지만, 이 순간과 주변 환경이 낯설 수밖에요. 하지만 그것도 잠시, 계속해서 바람을 느끼고 주변 환경을 익히며 자신이 정말 자연으로 돌아간다는 사실을 온몸으로 받아들이는 것 같았습니다. 그렇게 몇 분 동안 저어새는 우두커니 저희 앞에 서 있다가 갑작스럽게 땅을 박차고 날아올랐습니다. 바람에 몸을 맡긴 저어새는 드넓은 갯벌 위를 선회하며 여유로운 비행을 선보였습니다. 흡사 하늘과 바람을 느끼기 위해서 비행을 하는 것처럼 말이죠. 그동안 저 바람이 얼마나 간절하고 그리웠

이송 상자에서 조심스레 나와 주변을 둘러보다가 힘차게 날아오른 저어새.

한참을 날다 내려앉아 갯벌을 거니는 저어새.

을까요?

한참을 날아다니던 저어새는 다시 근처 갯벌에 내려앉았습니다. 곧이어 저어새는 우리에게 이제 걱정하지 말라는 듯 갯벌을 이리저리 걸어 다니고, 수풀에 숨기도 하며 자연에 적응하는 모습을 보여 주었습니다. 그런 모습에 안심이 되었지만, 딱 한 가지 확인하고 싶은 것이 있었습니다.

'2년이나 보호받은 저어새가 혹여 무리에 합류하는 것을 어려워하지는 않을까?' 하는 것이었죠. 하지만 그런 걱정은 오래가지 않았습니다. 갯벌을 노닐던 저어새가 다른 저어새 무리가 있는 곳으로 움직이더니 아주 자연스럽게 합류했습니다. 어느 녀석이 우리가 방생한 저어새인지 구분조차 할 수 없을 정도로 말이죠.

저어새가 무리에 자연스럽게 합류했다.

　그렇게 저어새는 2년이라는 긴 시간의 구조센터 생활에 마침표를 찍고 자연으로 돌아갔습니다. 계류장 내에서 기다란 식물 줄기를 입에 덥석 물고 활보하던 녀석의 모습을 이제 더는 볼 수 없게 되었습니다. 하지만 내년 혹은 내후년엔 서해안의 어느 무인도에서 나뭇가지를 물고 새끼를 기르기 위해 둥지를 짓는 모습으로 우리에게 나타날지도 모르겠습니다. 아니 꼭 그랬으면 좋겠습니다.

　저어새를 보내주고 돌아오는 길, 차창 밖으로 스쳐지나가는 이런저런 개발의 흔적이 눈에 들어옵니다. 쓰러져 있는 나무, 높게 쌓인 흙더미, 철근과 콘크리트 지주가 뉘어 있는 모습…….

　다친 야생동물 한 마리, 한 마리 정성을 쏟아 돌본 후 자연으로 돌려보냈는데 수백, 수천, 수만 마리가 또다시 위험에 빠질 수도 있는 무분별한 개발 현장을 보면 이루 말할 수 없는 무기력함에 사로잡힙니다. 다친 야생동물을 치료하고, 종 복원을 통해 그 수를 늘려서 다시 자연으로 돌려보낸다 한들, 그들이 안전하게 살아갈 환경을 만들어 주지 못한다면 무슨 소용일까요? 한쪽에서는 사라져가는 산양을 복원하려고 노력하고, 다른 한쪽에서는 산양이 살아가야 할 곳에 케이블카를 설치하는 것이 지금의 현실입니다. 이런 상황이라면 우리의 노력은 헛수고로 끝나게 될지도 모릅니다. 그리고 저어새와 야생동물들은 우리의 욕심이라는 검은 파도에 휩쓸려 서서히 사라지겠죠.

각종 개발로 삶의 터전을 잃어 가는 야생동물들. ⓒ 김어진

멸종이라는 벼랑 끝에 선 넓적부리도요

세계적으로 가장 심각한 멸종위기에 처한 야생동물이 있습니다. 얼마나 심각한 수준이냐면, 전 세계에 겨우 수백 마리가 남아 있는 것으로 파악되고 있습니다. 그런데 그 새가 우리나라에도 모습을 나타냅니다. '넓적부리도요'라는 새입니다. 작고 앙

넓적부리도요.

증맞은 외모에 저어새와 비슷한 숟가락 모양의 부리를 지니고 있습니다. 이 작은 녀석은 몸길이가 15cm이고 몸무게는 30g정도에 불과하지만 매년 러시아에서 동남아시아까지 1만 5,000km 이상의 거리를 비행하는 위대한 새입니다.

전 세계에 겨우 수백 마리밖에 남지 않은 넓적부리도요는 세계자연보전연맹인 IUCN(International Union for Conservation of Nature and Natural Resources)에서 지정한 '위급(CR-Critically Endangered)' 단계에 해당될 정도로 심각한 멸종위기 수준입니다. 위급의 다음 단계는 '자생지 절멸'입니다. 이는 사람이 인위적으로 만들어 놓은 공간이 아닌, 야생에서 더는 녀석들을 만나지 못한다는 뜻입니다.

정말 아쉬운 것은 따로 있습니다. 많은 이들이 이렇게 심각한 멸종위기에 처한 동물이 있는지조차 알지 못하고, 그런 동물이 매년 우리나라에 머문다는 사실도

넓적부리도요와 도요물떼새의 비행.

까맣게 모르고 있습니다. 우리나라는 넓적부리도요를 비롯한 수많은 도요물떼새가 번식지와 월동지를 오가는 도중에 들러 휴식을 취하고 에너지를 보충하는 중간기착지입니다. 허나 서해안을 중심으로 광범위하게 진행된 갯벌의 매립은 도요물떼새가 중간기착지에서 충분한 휴식을 취하고 다시 장거리 비행을 준비하는데

폐사한 도요새.

간척 사업으로 매마른 갯벌. ©김어진

치명적인 걸림돌이 되었습니다. 이제라도 도요물떼새의 주요 도래 장소에 대한 개발을 억제하고 보전 대책을 강구해야 하지 않을까요.

넓적부리도요와 같은 이동성 조류의 보전을 위해서 책임을 져야 하는 나라들이 있습니다. 번식지와 비번식지에 해당하는 나라가 그러하고 중간기착지인 우리나라 또한 마찬가지입니다. 어느 곳 하나라도 책임감을 지니고 보전의 노력을 기울이지 않는다면 넓적부리도요는 우리 곁에서 영영 자취를 감추게 될지 모릅니다.

멸종이라는 벼랑 끝에 몰린 넓적부리도요.

가
을
—

삵

—

양계장에 침입한 멸종위기 야생동물

삵이 덫에 걸렸습니다. 그것도 '창애'라는 치명적인 상처를 입히는 덫에 말입니다. 멸종위기야생생물 2급에 해당되어 보호받아야 하는 삵이 왜 이런 덫에 걸리게 되었을까요? 더욱이 덫을 놓은 당사자가 삵을 구조해 달라는 아이러니한 상황입니다.

야생동물이 덫에 걸린 곳은 어느 양계 농가였습니다.

"며칠간 계속해서 닭이 사라지거나 죽어 있었어요. 이대로 두면 피해가 걷잡을 수 없이 커질까 봐 할 수 없이 덫을 설치했어요. 그랬는데 삵이 잡혀 있지 뭐예요."

실제로 삵과 같은 상위
포식자 동물이 양계장에 침
입해 닭을 사냥하는 상황이
심심치 않게 발생하고 있습
니다. 한두 마리의 닭이 피
해의 전부라면 그나마 다행
이지만 실상은 그렇지 않

야생동물로 인한 양계 농가의 피해.

죠. 일반적으로 양계 농가는 닭을 좁은 공간에서 집단으로 밀집 사육하는
데, 삵이나 수리부엉이 같은 포식자가 닭을 노리고 양계장에 들어오면 놀란
닭들이 스트레스를 받아 폐사하거나, 포식자를 피해 무리지어 다니다가 넘
어져 밟히는 상황에서 서로의 무게를 이기지 못해 폐사하는 경우가 종종 발
생합니다.

이런 크고 작은 피해가 반복되자 농장 주인은 침입하는 녀석을 잡아야겠
다고 마음을 먹었던 모양입니다. 덫을 구매해 양계장에 드나드는 길목에 설
치해 두었고, 이를 미처 발견하지 못한 삵은 또다시 양계장에 접근했다가
덜컥 덫에 걸리고 말았습니다. 하지만 주인은 자신과 닭에게 피해를 주는
삵을 잡는데 성공했다고 안심하기도 전에 막상 덫에 걸려 몸부림치는 녀석
을 보니 안쓰러운 마음이 들어 구조센터에 도움을 요청했다고 합니다. 신고
자를 따라 양계장 뒤쪽으로 가니 덫에 걸린 삵이 있었습니다. 녀석의 몰골

날카로운 이빨을 지닌 창애에 다리가 걸린 삵.

은 처참하기 그지없었습니다. 덫에 걸린 뒷다리는 잘려나가기 직전이었고, 상처 부위엔 파리가 들끓으며 악취가 진동했습니다. 뿐만 아니라, 덫에 걸린 뒤 풀어내려고 발버둥치는 과정에서 다쳤는지 오른쪽 눈이 심하게 부어 있었습니다.

　녀석을 구조하기 위해 다가갔지만 무척이나 예민해진 상태라 쉽지 않았습니다. 사람에 의해 덫에 걸렸으니 사람이 두려운 건 어찌 보면 당연합니다. 담요를 이용해 녀석을 덮어 움직이지 못하게 보정한 후 조심스럽게 덫을 제거했습니다. 가까이서 본 상처는 생각보다 심각했습니다. 착잡한 마음으로 녀석을 구조센터로 이송하기 위해 가져온 이동장에 넣었습니다.

　녀석을 포획하는 모습을 내내 지켜보던 양계장 주인의 표정에는 안타까움과 미안함이 가득했습니다. 덫을 설치한 걸 후회라도 하듯 말입니다. 그럴 수밖에요. 자신의 선택으로 인해 고통받는 생명체를 지켜보는 것이 어찌 마음 편할 수 있을까요. 그렇다고 해서 양계장 주인의 선택을 쉽사리 비난할 수도 없습니다. 애지중지 기른 닭들이 예기치 못하게 죽어나갈 때는 얼마나 화가 나고 안타까웠을까요? 더욱이 생계가 달린 일이니 말입니다. 하지만 문제를 해결하기 위한 접근과 방법에는 분명 아쉬움이 남습니다.

포식자가 양계장에 침입한다면 양계장을 보수하거나 외벽을 설치해 침입을 막는 방법을 먼저 강구하는 게 좋습니다. 단순히 침입하는 동물을 포획해 없애는 것은 근본적인 해결책이 될 수 없습니다. 시간이 지나면 또 다

포획 틀을 이용하면 다른 덫보다 안전한 포획이 가능하다.

른 동물이 양계장에 나타날 테고, 그럼 같은 상황이 되풀이되겠죠. 하다못해 포획을 시도한다면, 덫의 선택에 조금 더 신중해야 합니다. 창애는 동물이 덫의 일부분을 밟으면 잠금장치가 풀리면서 날카로운 이빨을 지닌 부분이 세게 닫혀 동물의 몸을 물게 되는 구조입니다. 이 덫에 동물이 걸리게 되면 피부와 근육의 손상, 골절은 기본이고 심할 경우 신경이 손상되거나 몸 일부가 절단되는 경우도 있습니다. 심지어 덫에서 빠져나가고자 물어뜯어 이빨이 다 망가져 버리기도 하죠. 덫의 종류는 다양합니다. 창애나 올무처럼 심각한 상처를 입히는 덫이 있는가 하면, 포획 틀과 같이 조금은 더 안전한 덫도 있습니다. 만약 이러한 덫을 사용했더라면 어땠을까요? 안전하게 포획해서 양계장에서 최대한 멀리 떨어진 장소에 삵을 풀어주었다면 서로 피해를 최소화하지 않았을까요?

구조된 삵은 결국 다리를 절단해야 했습니다. 덫이 너무 깊게 파고들어 이미 회복될 수준을 넘어섰기 때문입니다. 다리를 절단한 이후에도 구조센터에 머물면서 야생에서 살아갈 능력이 있는지를 긴 시간 동안 평가받아야 했습니다. 구조물을 오르내리고, 먹잇감을 사냥하고, 가해진 자극을 어

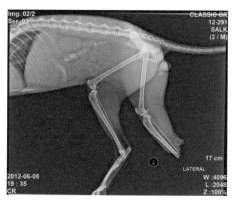

덫에 걸린 삵은 결국 다리를 잘라야 했다.

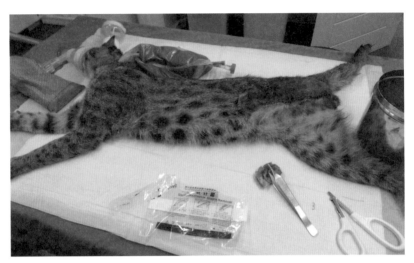
봉합을 제거한 후 삵은 야생으로 돌아갔다.

떻게 회피하는지를 지켜보았습니다. 녀석은 한쪽 다리가 없는데도 나름 뛰어난 적응성을 보여주어 충분히 자연에서도 살아갈 가능성이 높다고 판단되었습니다. 그렇게 한 계절이 흘러 삵은 자연으로 돌아가게 되었죠. 비록 다리를 잃었지만, 다행히도 녀석이 쌓던 자연에서의 삶의 역사는 계속해서 이어지게 되었습니다.

"녀석아, 절대로 양계장 근처에는 얼씬도 하지 말고 건강히 잘 살아야 해."

사실 이런 일이 양계장에서만 발생하는 것은 아닙니다. 유해 야생동물로 알려진 고라니나 멧돼지, 까치와 같은 동물들이 종종 밭에 내려와 농작물에 피해를 줍니다. 고라니나 멧돼지는 이동을 하는 도중에 저도 모르게 도심이나 민가로 진입하는데, 갑작스럽게 맞닥뜨리는 수많은 사람과 무섭게 내달리는 자동차, 소음, 불빛에 놀라 극도로 흥분하게 됩니다. 그러니 난폭하게 움직일 수밖에요. 덩달아 사람들도 놀라거나 위험에 처하게 됩니다. 그런데 이런 난폭함은 사실 그들에겐 살고 싶다는 표현이자 절박한 저항의 수단입니다. 그 때문일까요? 사람들은 이런 유해 야생동물을 매우 부정적으로 바라봅니다. 피해만 끼치고, 난폭하기까지 한 동물이라고요. 그래서인지 무분별하게 잡아 없애고, 어떠한 가학적 조치를 가해도 상관없는 존재쯤으로 여기는 것도 사실입니다. 하지만 그들은 절대로 그렇게 취급해도 좋을 하찮은 존재가 아닙니다.

그렇다고 야생동물로 피해를 겪는 사람들을 무시하자는 이야기도 아닙니다. 자금과 노동력을 들여 정성껏 재배하고 키워낸 농작물이 하룻밤 사이에 망가지는 것을 보는 농민들의 마음도 야생동물의 생존권만큼 중요하게 헤아려야 합니다. 그렇기에 서로의 갈등을 줄이기 위한 고민을 해 보자는

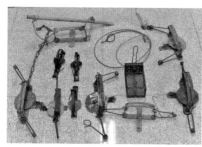
수거한 각종 덫.

덫에 걸린 너구리.

것입니다. 미리 동물의 접근을 막는 방법을 사용하면 어떨까요? 동물들이 꺼리는 포식자의 소리를 녹음해 틀어 두거나, 배설물을 농장 부근에 뿌려 두는 방법, 전기 목책, 폭음탄 같은 예방 차원의 다양한 방법이 있습니다. 물론 필요하다면 개체 수를 조절하기 위해 직접 포획하는 방법도 고려해야겠지만, 사전에 피해의 정도를 정확히 파악하고 예방하는 노력이 먼저입니다.

또한 이런 문제에 관한 고민과 해결을 피해 당사자들에게만 떠넘기는 것은 옳지 못합니다. 농작물의 생산자와 야생동물의 갈등은 그들만의 문제가 아닙니다. 결국 농작물을 소비하는 우리와도 뗄 수 없는 문제입니다. 피해를 겪는 농장에 대한 예방책 지원, 피해 정도에 대한 정확한 파악과 이에 걸맞는 투명한 보상이 뒤따라야 합니다. 그리고 이 과정에서 농작물의 가격이 다소 오르더라도, 우리가 너그러이 이해하는 마음을 갖춘다면 어떨까요?

무분별한 개발과 환경오염, 인간의 거주지 확대와 농토 확보가 광범위하게 이루어지면서 자연 생태계는 속수무책으로 훼손되어 왔습니다. 서식지가 줄어들고 먹이를 찾기 어려워진 동물들에게 양계장이나 농작물을 재배하는 곳은 충분히 유혹적인 장소입니다. 나아가 조금 더 생각해 봅시다. 그들이 피해를 주고 싶어서 혹은 자신의 행동이 피해가 된다는 것을 알고서 저지르는 잘못은 아닙니다. 사람들이 산에 올라 임산물을 채취하고 도토리를 주워오는 것은 대수롭지 않게 여기면서, 야생동물이 사람들의 거주지 부근으로 내려와 농작물에 피해를 주는 것은 결코 용납할 수 없는 행위로만 바라보는 시선은 아무리 생각해도 아쉽습니다.

단지 야생동물들은 그들의 삶을 힘겹게 살아가는 것일 뿐이라고 이해해 주길 바란다면 너무 큰 욕심일까요?

삵.

까치와의 공존은 가능할까?

전봇대에 나뭇가지를 엮어 둥지를 곧잘 만드는 까치는 종종 정전의 원인이 됩니다. 둥지의 재료가 고압전선과 접촉하기 때문이죠. 그렇기에 전기를 공급하는 기관에서는 지속적으로 까치에 의한 피해를 예방하는 활동

전봇대 위에 곧잘 둥지를 트는 까치.

을 펼치고 있습니다. 둥지를 틀 만한 위치에 구조물을 설치하거나 싫어할 만한 물체를 놓아두기도 하고, 직접 포획해 개체 수를 줄이기도 합니다. 또 장대로 둥지를 철거해 번식을 방해합니다. 둥지를 짓기 시작하는 순간부터 산란기 이전에 철거 작업을 집중적으로 하지만 정전 같은 위험이 예상되면 수시로 철거를 진행합니다. 부화 이전에 철거가 된다면 까치는 다른 곳을 찾아 다시 둥지를 짓고 정상적으로 번식을 이어나가겠지만, 이미 부화가 되어 새끼가 태어났다면 안타까운 상황이 벌어지곤 합니다.

충남야생동물구조센터에도 이런 이유로 아직 한참이나 어린 까치들을 구조한 적이 있습니다. 신고자이자 당시 상황을 수습했던 목격자의 증언에 따르면, 솟아

오른 장대가 둥지를 부수기 시작하자 속수무책으로 무너졌고, 그 안에 머물던 새끼 까치가 떨어지게 되었다네요. 그런데 철거 당사자가 인도와 차도의 경계선에 떨어진 새끼들을 확인했음에도 본체만체 자리를 떠났다고 합니다. 결국 그 과정을 지켜보던 일반인이 새끼들을 안전한 장소로 옮기고 구조센터에 신고해 도움을 요청한 상황이었습니다. 신고자도 매우 화가 나 있었습니다. 철거 이후 수습해야 할 책임이 있는 당사자들이 다른 이에게 미안함이라는 마음의 짐까지 맡기고 자리를 떠난 셈이 되어 버렸으니까요. 그렇게 다섯 마리의 새끼들이 바닥으로 떨어졌습니다. 한 마리는 그 자리에서 목숨을 잃었고, 또 다른 한 마리는 오른쪽 다리의 뼈가 부러지고 말았습니다. 다행히 나머지 세 마리는 비교적 건강한 상태였습니다. 바닥엔 미처 치우지 못한 둥지의 잔해들이 어지럽게 흩어져 있었고, 반대편 전봇대 위에선 녀석들의 어미 새가 슬피 울어대고 있었습니다. 이러한 상황이 벌어진 것은 누구의 탓일까요? 전봇대 위에 둥지를 튼 까치의 잘못인가요? 아니면 새끼들이 자라고 있는 둥지를 철거한 전기공급기관이 잘못한 것일까요? 어쩌면 그 누구의 잘못도 아닌, 까치와 사람 모두가 피해자일지 모릅니다.

둥지 철거 작업의 흔적이 고스란히 남아 있다.

새끼를 안전하게 기를 수 있을 거라 판단해 전봇대에 둥지를 튼 까치는 자신들의 선택이 사람에게 피해를 줄 수도 있다는 사실을 알았을 리 없습니다. 그렇다면 사람은 어떠할까요? 그들에게도 전봇대 위의 둥지를 치울 수밖에 없는 이유가 있습니다. 둥지를 치우지 않아 대규모 정전이 발생한다면, 그로 인해 발생하는 많은 이의 경제적, 정신적 피해는 누가 보상하며 어떻게 책임을 져야 할까요? 또 그들의 행동은 잠재적으로 전기를 사용하는 우리의 피해를 예방하는 차원에서 진행된 것입니다. 그들은 맡은 바 역할을 했을 뿐인데 결국 서로에게 상처와 수고로움을 남기는 사태가 벌어지고야 말았습니다. 어쩔 수 없는 경우이기에 더욱 안타깝습니다. 허나 그보다 아쉬움이 큰 이유는 따로 있습니다.

둥지에서 떨어진 새끼 까치들. 한 마리는 이미 목숨을 잃었다.

어쩔 수 없이 둥지를 철거해야 했지만 최소한 새끼들을 안전한 장소로 옮긴다던지, 이들을 보호할 관련 기관에 연락이라도 해 계속해서 새들이 삶을 이어나가도록 후속 조치를 해 주었다면 이렇게까지 서운하지는 않았을 겁니다. 이런 상황이 그들에겐 매일 마주해야 하는 무덤덤한 일상이기 때문일까요? 하지만 그들의 모습은 꽤나 무책임해 보였고, 생명을 경시하는 태도까지 느껴져 무척 안타까웠습니다.

우리에게 전기를 공급하는 기관에서 진행하는 조류로 인한 정전 예방 전략의 이름은 '조류 공존, 철거, 구제'입니다. 이날 확인할 수 있었던 그들의 전략에선 철거와 구제는 있었지만 조류 공존은 전혀 찾아볼 수 없었습니다. 물론 그들에게만 책임이 있는 것은 아닙니다. 전기를 사용하는 우리에게도 책임이 있습니다. 이런 사고를 예방하기 위해 더 많은 인력과 예산이 투입되어야 해서 전기 요금이 조금 더 오른다면, 과연 우리는 받아들일 수 있을까요?

공존의 의미는 어디에서부터 시작될까요? 혹시 책임감과 생명 존중 정신이 아닐까요? 우리가 까치를 흔해 빠지고, 시끄럽고, 애써 재배한 과일을 쪼고, 정전이나 일으키는 얄밉고 성가신 존재 정도로 여기고 있는 것은 아닌지 먼저 한 번쯤 생각해 볼 일입니다.

도심에 사는 까치. 그동안 우리는 까치를 어떻게 바라보고 있었을까?

가
을
—

부상당한 야생동물

교육동물에서 대리모까지

구조센터에는 매년 수많은 야생동물이 머물게 됩니다. 모든 동물을 잘 치료해 자연으로 돌려보낸다면 더할 나위 없이 좋겠지만, 어디 그게 쉬운 일일까요. 실제로 구조센터에 오게 된 동물 중에는 치료가 불가능해 생명을 잃는 경우도 부지기수입니다. 개중에는 이런 경우도 있습니다. 생명에는 지장이 없지만, 심각한 장애를 지녀 자연으로 돌아갈 수 없는 동물들이죠. 이 동물들은 구조센터 직원들을 가슴 아픈 딜레마에 빠뜨립니다. 일반적으로 이러한 경우에는 안락사를 선택하게 됩니다. 심각한 장애를 지닌 상태로 인위적인 환경에서 살아간다는 것은 그들에게 굉장히 힘겨운 일이기 때문이죠. 하지만 그중 계속해서 센터에 머물러도 불편이 적다거나, 구조와 치료의 과정에서 얻은 교육적 가치가 큰 동물의 경우 '교육동물'로서의 삶을 살아갑니다. 사람들에게 자신이 겪었던 이야기를 들려주어, 더는 같은 위험에 처하는 동물이 생겨나지 않게 도와달라고 부탁을 하는 것이죠.

교육동물이 되면 가장 먼저 사람에 대한 두려움을 없애고, 친해지는 과정을 거칩니다. 이것은 사람과 평생을 가까이서 살아야 하는 야생동물에게 참으로 중요합니다. 이 과정이 충분치 못하면 동물이나 사람 모두에게 스트

사람과 꽤 가까워진 교육동물 독수리 '광주'.

레스나 예기치 못한 외상을 안겨줄 수도 있고, 지내는 동안 동물이 누려야 할 복지의 질이 떨어지는 결과로 이어질 수도 있습니다. 교육동물로 선정되면 가장 먼저 '이름'을 얻게 되죠. 일반적으로 야생동물구조센터에서는 구조한 동물에게 이름을 지어 부르지 않습니다. 야생동물을 반려동물처럼 대하면 추후 야생성을 떨어뜨려 바람직하지 못한 결과를 낳기도 하거든요. 하지만 교육동물은 오히려 야생성을 누그러뜨려야 하니 이름을 부르며 친밀도를 올리고 교감을 나눠야 합니다. 충남야생동물구조센터에 머무는 교육동물들도 모두 이름이 있습니다.

친밀도를 필요한 만큼 끌어올렸다면 다음으로는 종별, 개체별 특징을 고려해 알맞은 훈련을 진행합니다. 인위적으로 만들어진 공간에서 오랫동안 머무는 동물의 건강 상태를 확인하려면 지속적으로 체중을 측정하는 것이 중요합니다. 특히나 조류는 깃털로 온몸이 덮여 있어 몸에 어떤 문제가 생겨도 이를 즉각 파악하는 것이 어렵습니다. 때문에 주기적으로 체중을 측정하면서 몸무게 변화를 통해 건강 상태를 예측하는 것

스스로 체중계에 올라가도록 훈련을 시킨다.

이죠. 그런 이유로 체중계에 스스로 올라가게끔 하거나 인위적인 공간에 머물면서 발생하는 문제를 검사하고 예방하기 위해 필요한 자극을 가했을 때 거부하지 않도록 훈련을 시킵니다.

교육동물로 활약하다가 자연으로 돌아간 말똥가리 '띵똥'.

교육동물로 지내다가도 장기간의 재활 후 건강 상태가 좋아지면 자연으로 돌려보내기도 합니다. 오랜 기간 충남야생동물구조센터에 머물렀던 말똥가리 '띵똥'은 자연 적응이 불가능할 거라고 예상했던 처음과 달리 2년여 간의 교육동물로 지내는 동안 매우 발전한 모습을 보여 자연으로 돌아갔습니다. 물론 이때에는 시간이 오래 걸리더라도 최대한 사람과의 접촉을 줄이고, 그동안 지냈던 관계의 규칙을 깨뜨려 사람에 대한 긍정적인 인식을 최대한 없애 주어야 합니다. 이때에는 신체적 학대만 아니라면 사람을 부정적으로 느끼도록 자극을 주기도 하지요.

이렇게 훈련을 마치고 나면 본격적으로 교육동물로 나서게 됩니다. 충남야생동물구조센터에 머물고 있는 너구리 '클라라'는 번식철에 발생하는 새끼동물의 부적절한 구조와 사육을, '데이비드'는 도로와 자동차가 야생동물에게 미치는 위협을 이야기합니다. 또 독수리 '광주'는 조류가 겪는 충돌사

고를, 벌매 '클로'는 무분별
한 밀렵의 위험성을 알려주
고 있습니다. 이외에도 각
동물의 생태적 특징이나 조
금은 어렵고 딱딱한 해부
학, 생리학, 병리학적 정보
를 전달할 때에도 큰 도움
을 줍니다. 단순히 사람에

구조된 새끼들을 제 자식처럼 돌보는 교육동물 너구리 '짬이'.

게 듣고 배우는 것보다는 옆에서 녀석들과 함께 호흡하며 눈을 맞추니 교육
효과가 더 커지는 셈입니다.

이 동물들이 주는 도움은 교육만이 아닙니다. 충남야생동물구조센터의
안방마님인 너구리 '짬이'는 매년 구조되는 새끼 너구리의 상당수를 대신 길
러주는 대리모 역할을 톡톡히 하고 있습니다. 직접 배 아파 낳은 새끼가 아
닌데도, 애정을 듬뿍 담아 잘 길러냅니다. 짬이가 기른 새끼 너구리는 사람
이 돌보았을 때보다 야생성도 강해 자연 적응 확률이 훨씬 높다는 장점도
있습니다.

교육동물은 고맙게도 이처럼 많은 도움을 주고 있습니다. 그런 만큼 이
들이 최대한 안전하고, 편하게 지내도록 많은 관심과 시간을 투자해야 합니
다. 사람을 긍정적으로 느끼도록 꾸준히 교감하는 동시에, 장기 계류로 발
생할 수 있는 질병이나 감염 같은 문제를 예방하기 위해 늘 관찰해야 합니

다. 또 자칫 반복된 일상에 무료해질 수 있으니 '행동풍부화'와 같은 새로운 자극을 제공해 즐거움도 느끼게 해 줘야 합니다.

구조되는 동물의 대부분은 사람 때문에 사고를 겪었습니다. 우리가 만들어 놓은, 우리가 사용하는, 우리가 버린 온갖 것에 의해서 말입니다. 교육동물들은 저마다 사고로 이곳에 오게 되었고, 결국 야생에서의 삶은 멀어지게 되었습니다. 하지만 이 친구들은 사람을 미워하기보다는 자신의 이야기를 통해 자기와 같은 또 다른 친구가 생겨나지 않도록, 야생동물을 보호해 달라고 가슴으로 호소하고 있습니다. 녀석들의 이야기가 더 많은 사람들에게 가 닿기를 바라봅니다.

사람들에게 이야기를 전해 주는 교육동물.

가장 어려운 선택, 안락사

모든 생명은 태어나서 죽을 때까지 매번 선택의 순간에 놓입니다. 시간이 지나도 후회하지 않을 선택을 위해 신중에 신중을 기하죠. 구조센터에서 내리는 가장 어려운 선택은 바로 '안락사'입니다.

안락사는 생존 가능성이 희박한 환자의 고통을 줄이기 위해 인위적으로 생명을 단축시키는 행위를 말합니다. 하지만 이 정의만으로 모든 것을 이야기할 수는 없습니다. 생명을 결정짓는 것이니만큼 찬성하는 이, 반대하는 이, 찬성과 반대 사이에서 고민하는 이들의 논쟁 역시도 끊이질 않습니다. 그만큼 안락사는 복잡하고 민감한 문제입니다.

현재까지는 동물에 한해서만 안락사가 시행되고 있는데, 그중에서도 야생동물의 경우 그 범위가 조금 더 넓습니다. 생존의 가능성이 아주 낮은 동물이나 자연으로의 복귀가 불가능한 영구적 장애를 입은 동물 역시 안락사의 대상에 포함시키고 있기 때문입니다.

생명에 지장이 없는데 안락사를 시행하는 게 지나치다고 생각할 수도 있습니다. 하지만 야생동물을 보호하는 구조센터와 같은 기관에서 안락사는 생각보다 중요한 문제

날개 뼈와 신경이 손상된 괭이갈매기.

입니다. 안락사가 그들의 '생명'을 다룸과 동시에 '복지'도 고려하는 수단이 되기 때문이죠. 영구적 장애를 입은 야생동물을 자연으로 돌려보내지도 못하고 안락사도 금지한다면 어떤 일이 발생할까요?

첫 번째로, 물리적인 한계에 부딪힙니다. 야생동물이 머무는 계류장에 그들에게 필요한 산이나 바다, 너른 들판을 가져다 넣을 순 없습니다. 먹고 싶은 각종 먹이와 따사로운 햇볕, 시원한 바람 역시도 야생에서 누리던 만큼 충분히 공급할 수 없습니다. 이것은 그들이 자연에서 누리던 수많은 것을 잃는다는 의미이고, 특히나 영구 장애를 지닌 동물들은 계속되는 치료 과정에서 사람의 간섭에 엄청난 스트레스를 받습니다. 이처럼 사방이 벽이나 철망으로 둘러싸인 계류장에서 평생을 살아가야 한다는 것은 그들의 권리나 복지의 질이 현격히 떨어진다는 뜻입니다.

두 번째로, 또 다른 기회의 상실입니다. 안락사를 하지 않는다면 결국 센터는

야생과는 너무나도 다른 계류 공간에 머무는 동물의 모습.

수많은 동물로 가득 차게 될 테죠. 그렇게 포화 상태에 이르면 정작 피해를 받는 이는 앞으로 구조되어 치료와 재활이 필요한 또 다른 야생동물입니다. 공간과 시간, 인력과 예산은 한정되어 있어 동물이 많으면 많을수록 개별 동물에게 투자되는 부분이 줄어들게 되고, 이는 다른 야생동물의 성공적인 치료와 재활의 가능성을 떨어뜨리는 요인이 됩니다. 그렇기에 센터에서는 생존 및 방생 가능성이 높은 동물에게 집중하기 위한 하나의 수단으로 안락사를 시행하고 있습니다.

여기서 의문이 드는 사람들이 있을 것입니다. 공간과 시간, 인력과 예산이 부족하다면 그러한 역할을 대신할 또 다른 기관이나 개인에게 동물들을 분양하면 되지 않느냐고 말이죠. 어느 정도는 맞는 얘기입니다. 대부분의 야생동물구조센터 역시 가능하다면 영구 장애를 지닌 동물이 보다 나은 환경에서 지내도록 여러 방법을 고민하고 있으며, 그중 일부는 장기 보호가 가능한 동물원 같은 기관에 보내서 남은 생을 지내도록 조치하고 있습니다. 하지만 이것 역시 한계가 있습니다. 우리나라에서 야생동물을 보호할 수 있는 대부분의 기관은 이미 포화 상태입니다. 보내려고 해도 보낼 곳이 없고, 있다 하더라도 그곳의 환경이나 보호 의지, 동물에 대한 사육 방법이 적절치 않다면 보낼 수 없습니다. 이는 기관이 아닌 일반인에게 보낼 때도 마찬가지입니다. 대부분의 일반인은 야생동물에게 필요한 환경을 갖출 여건이 되지 않으며 전문 지식 역시 부족합니다. 안락사하는 것이 안타까워 아무 곳에, 아무한테나 보내면 이후에 발생하는 문제는 누가 책임져야 할까요? 특히나 개인의 경우 사육하다가 유기하는 문제, 식용을 목적으로 분양받아 악용하는 문제 역시도 걱정하지 않을 수 없습니다.

어차피 안락사할 거라면 장애가 있더라도 자연으로 돌려보내 자연스러운 죽음을 맞게 하자는 목소리도 있습니다. 장애를 지닌 채로도 자연에 적응해 잘 살아가리라는 일말의 희망을 품고서 말입니다. 물론 그럴 수도 있습니다. 야생동물구조센터에서도 무조건 완벽하게 건강을 되찾은 동물만 자연으로 돌려보내는 것은 아납니다. 날개가 조금 처지더라도, 시력이 조금 떨어지더라도 야생 적응의 가능성이 있다고 판단되면 자연으로 돌려보냅니다. 돌려보낼 수 없다고 판단했을 때에는 이미 충분한 검사와 관찰을 통해 여러 경우의 수를 고려한 이후입니다. 그런 동물이 무조건 살아남지 못한다고 장담할 수는 없지만, 가능성이 너무나 낮은 것이 사실입니다.

구조센터에서의 안락사가 어쩔 수 없는 부분도 있고, 나름의 긍정적 의미도 있지만 안락사의 결정을 내리고 시행하는 직원들에게는 결코 가벼운 문제가 아닙니다. 안락사를 고민하는 순간부터 마음 한 구석에 미안함과 불편함이 내려앉습니다. 그렇지만 결국 마지막 선택을 내려야 합니다. 구조센터에서 내리는 수많은 선택 가운데 가장 어렵고 가슴 아픈 선택입니다. 안락사를 진행하는 마지막 순간까지도 여러 가지 생각이 교차합니다. 한 생명의 촛불을 끌 수 있는 권리가 과연 우리에게 있는 것인가? 만약 그렇다면, 이 개체의 안락사 판정은 정말로 적절한 결정이었는가? 그리고 어쩌면…… 안락사는 위태롭고 고단했던 삶을 편안히 마칠 수 있는, 그들에게 주어진 마지막 권리이지 않을까?

아무리 고민해도 정답은 따로 있습니다. 안락사를 할 수밖에 없었던, 치명적인 사고를 겪은 동물들이 더는 생겨나지 않을 공존의 세상을 만들어야 한다는 것이죠.

약물이 투여되자 곧바로 안락사한 큰소쩍새.

4장

冬

겨울

다시 생명의 이동을 시작하기까지

우리나라는 사계절이 뚜렷한 지역입니다. 봄에는 포근하고, 여름에는 덥고, 가을에는 서늘하며, 겨울은 춥습니다. 물론 기후 변화의 영향으로 계절의 경계가 모호해지고 있지만, 아직까지는 계절에 따른 특징이 뚜렷한 편이라 그에 맞춰 살아가고 있죠. 야생동물도 마찬가지로 봄, 여름, 가을, 겨울 각각 살아가는 삶의 모습이 다릅니다. 구조센터에 머물고 있는 동물들도 그렇고요.

겨울하면 역시 '추위'와 '눈'이 가장 먼저 떠오르죠. 구조센터에서도 이 부분이 제일 신경이 쓰인답니다. 다친 야생동물은 정상적인 삶을 살아가는 야생동물보다 추위를 견디는 능력이 부족합니다. 갑자기 기온이 뚝 떨어지면

체온도 함께 내려가면서 자칫 치명적인 결과로 이어지기에, 본격적으로 겨울이 시작되기 전에 야생동물들의 체온을 유지할 대응책을 강구합니다.

첫 번째 방법은 계류장 내부 은신처에 바닥재를 까는 것입니다. 은신처와 바닥재는 겨울뿐 아니라 사계절 내내 제공하지만, 특히 겨울에는 좀 더 신경을 써서 바람을 막거나 바닥에서 올라오는 냉기를 줄여 주는 재질의 용품을 사용합니다. 이때 담요나 낙엽을 깔아 주면 푹신한 이불의 역할을 하니 좋습니다. 하지만 한겨울에 낙엽을 구하는 것은 어려운 일이죠. 그래서 겨울이 오기 전, 나뭇잎이 떨어지기 시작하면 구조센터 직원들은 낙엽을 최대한 긁어모아 보관해 놓고 겨우내 요긴하게 사용합니다.

그런가 하면 직접적으로 열을 제공해 체온 유지를 돕기도 합니다. 열을 발산하는 등이나 온열기를 계류장에 설치하는데, 이는 확실하면서도 조금은 위험한 방법입니다. 열로 화상을 입을 수 있으니 동물의 몸에 직접 닿지 않게 주의하고, 특정한 위치에서만 제공해 동물이 열을 선택해 사용하도록 유도해야 합니다. 너무 더우면 열이 없는 곳으로 가서 체온을 내리고, 다시 추워지면 열 근처로 다가오게끔 말입니다. 또한 이처럼 직접 열

이렇게 긁어모은 낙엽은 겨우내 요긴하게 쓰인다.

온열 기구는 동물이 직접 닿을 수 없게 설치한다.

을 제공할 때에는 내부의 온도와 습도를 지속적으로 확인해 조절해야 하는데, 온도가 너무 높거나 과하게 건조하면 동물들에게 좋지 않기 때문입니다.

추위를 해소했다고 끝이 아닙니다. 흩날리는 모습은 무척이나 아름답지만, 일단 쌓이기 시작하면 이보다 무서운 게 없으니 바로 '눈'입니다. 실제로 야생동물에게는 눈이 큰 위협이 됩니다. 자연 생태계에서 눈은 꼭 필요한 역할을 하지만,

구조센터에서는 그리 반가운 손님이 아닙니다. 눈이 쌓이기 시작하면, 계속해서 계류장의 상태를 확인해야 합니다. 충남야생동물구조센터의 경우 계류장 천장이 그물망으로 되어 있는데, 눈이 쌓이면 그 무게에 그물이 아래로 축 처져 버립니다. 심하면 무너져 내리는 사태까지 벌어질 수 있습니다. 그럼 계류장에 머물고 있던 동물들이 눈에 깔리거나 그물에 엉키는 대형 사고가 발생할 수 있기에 계속해서 확인하고 눈을 털어 내야 합니다. 그래서 폭설이 내리는 날에는 구조센터 직원들이 온종일 눈을 털어 내느라 늦은 밤까

폭설이 내리자 푹 처진 계류장 천장.　　　　　　눈이 내리자 신기한 듯 주변을 서성이는 삵.

지도 쉽사리 퇴근하지 못한답니다.

　물론 눈이 구조센터의 동물들을 힘겹게만 하는 건 아닙니다. 동물들에게
도 눈은 특별하고 신선한 자극이 되거든요. 어떤 동물은 눈 위를 신나게 뛰
어다니면서 이리저리 발자국을 남겨 보기도 하고, 눈을 먹어 보거나 헤집으
며 평소와 다른 다양한 행동을 하며 즐거워합니다. 우리와 비슷하죠? 눈이

오면 시린 걸 알면서도 괜스레 만져보고, 발자국도 남기고 하는 것처럼요.

그렇다 하더라도, 구조센터에 머무는 동물들에게 겨울은 춥고 고달픈 계절입니다. 가뜩이나 상처 입고 아픈데, 추위까지 몰아친다고 생각해 보세요. 물론 야생에서 살아가는 동물들도 마찬가지입니다. 이 척박한 환경에 도사리고 있는 갖가지 위험과 몰아치는 추위가 그들을 바짝 몰아세우고 있을 것입니다. 하지만 그들 역시 꿋꿋하게 겨울을 견뎌 내고 힘차게 살아가고 있습니다. 그렇게 시간이 흐르면 어느새 따사로운 햇살이 내리쬐는 봄이 오겠지요. 그러면 언제 그랬느냐는 듯 또다시 겨울과 함박눈을 기다릴지도 모릅니다. 마치 우리처럼요.

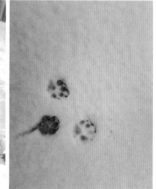

때론 야속하지만 미워할 수 없는 겨울과 눈. 야생동물에게도 마찬가지일까?

겨
울
—

큰고니

————————

두 번의 방생과 세 번의 구조

　미운오리새끼인 줄 알았던 볼품없는 새가 훗날 아름다운 백조가 되어 큰 호수를 아름답게 수놓으며 행복하게 살았다는 동화가 있습니다. 그렇다면 과연 우리나라에도 '백조'가 서식하고 있을까요? 우리가 흔히 백조라고 생각하는 새들은 고니속(속명)에 속하는 다수의 종을 가리킵니다. 고니류는 대부분 온몸이 하얗고, 물에 떠 있는 모습은 여유와 기품이 넘칩니다. 하지만 온몸이 검은 털로 뒤덮인 '흑고니'도 있으니 고니류라고 해서 모두 백조는 아닙니다. 우리나라에서는 세 종의 고니류가 관찰됩니다. 고니, 흑고니, 큰

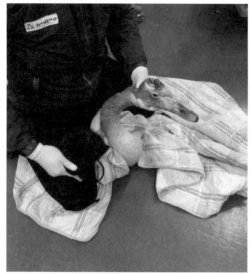

검사를 하기 전에 큰고니를 마취시키고 있다.

고니로 이 중 가장 쉽게 만날 수 있는 종이 바로 '큰고니'입니다.

큰고니는 우리나라 전역의 호수나 강가에서 월동하는 겨울철새입니다. 보통 우리나라보다 더 북쪽에 위치한 몇몇 나라에서 번식을 마친 후, 11월 초에 우리나라로 내려와 이듬해 3월 하순까지 지내다가 다시 번식을 위해 북쪽으로 여행을 떠납니다. 보통 우리나라에 도래하는 큰고니는 몽골 동부에서 번식을 하는 것으로 알려졌는데, 새끼가 태어나면 겨울이 지날 때까지 어미와 함께 가족군을 형성해 지내거나, 지난해 태어난 어린 개체들과 함께 생활합니다.

충남야생동물구조센터에도 큰고니가 머물고 있습니다. 녀석이 이곳에 오게 된 것은 지금으로부터 약 2년 전으로 거슬러 올라갑니다. 당시 녀석은 태어난 지 몇 개월 되지 않은 어린 상태였는데, 무리에서 떨어져 홀로 머물고 있다가 발견되었습니다. 보통 큰고니들은 부모와 한 마리에서 네 마리 정도의 새끼가 함께 가족을 이루거나, 수십 마리의 무리가 모여 함께 생활합니다. 그러니 이렇게 큰고니 한 마리가 덩그러니 활동성마저 약해진 채 머물고 있는 것은 무언가 문제가 있다는 것이겠죠.

"옳지, 그래 잠깐만 얌전히 있자. 음…… 다친 곳은 없는 것 같은데 좀 여위였구나."

검사를 해 보니 날개에 생긴 약간의 상처를 제외하고는 특별한 이상은 없었습니다. 다만 꽤 오랫동안 먹이를 먹지 못했는지 무척 수척해진 상태였죠. 아마도 치명적인 사고를 겪었다기보다는 실수로 무리에서 떨어져 나왔고, 어리다 보니 혼자서 정상적인 생활을 이어가지 못한 것으로 추측이 되었습니다. 녀석을 구조센터로 데리고 가 충분히 영양을 공급해 준 후 다시 자연으로 돌려보내기로 했습니다.

구조센터에 온 큰고니는 며칠 동안 극진한 보호를 받으며 빠르게 활력을 되찾아 갔습니다. 그렇게 2주 정도가 지나고 완전히 건강을 되찾은 큰고니는 처음 발견되었던 지역 인근의 하천에서 자연으로 돌아가게 되었습니다.

그로부터 약 20여 일이 지난 어느 날, 구조 전화가 울렸습니다.

"여기 충남 보령인데요. 웬 커다랗고 하얀 새가 움직이지 않고 힘없이 있

기력을 회복한 후 자연으로 돌아가는 큰고니.

어요. 도와줘야 할 것 같아요."

충남 보령이라면 바로 큰고니를 자연으로 돌려보냈던 지역입니다. 게다가 커다랗고 하얀 새라니…… 혹시 녀석이 다시 도태된 것이 아닐까 하는 불길한 예감이 들었습니다. 현장으로 가는 내내 녀석이 아니길 바라고 또 바랐습니다. 하지만 왜 이런 불길한 예감은 틀리지 않는 걸까요? 큰고니의 다리에 부착되어 있는 인식표, 인식표에 적힌 숫자, 틀림없이 그 녀석이었습니다.

상황은 지난번과 크게 다르지 않았습니다. 어떤 사고를 당했다기보다는, 마찬가지로 무리에 합류하지 못하고 도태되어 가는 상황이었습니다. 하지만 저번보다 기아, 탈수의 정도가 더 심해 거의 기력이 없었습니다. 소화가

방생한 지 20여 일만에 다시 구조된 큰고니. 1차 방생 때 부착한 금속가락지가 있었다.

쉬운 먹이를 강제로 급여하면서 동시에 수액을 공급해 기아와 탈수 증세를 치료해야만 했습니다. 적절한 치료와 함께 시간이 흐르면 충분히 나아질 상황이었지만 더 큰 문제는 따로 있었습니다.

　큰고니가 두 번째 구조된 때는 3월 중순으로 대부분의 큰고니들이 번식을 위해 북쪽으로 향하는 시기입니다. 회복하기까지 시간이 필요했기에 녀석이 올해 번식지로 돌아가기란 사실상 불가능했습니다. 철새가 제 시기에 번식지나 월동지로 가지 못한다는 것은 무척 위험한 일입니다. 기후나 자연환경에 적응이 어렵거나 먹이자원의 변화로 생존 자체에 악영향을 미치기 때문이죠. 특히나 여러 면에서 미숙한 어린 큰고니에게는 더더욱 문제가 될 것이 분명했습니다. 때문에 다

본격적인 치료에 앞서 수액을 맞는 큰고니.

음 겨울이 올 때까지 구조
센터에 머물며 기다리는 것
외에 달리 방법이 없었고,
그렇게 큰고니는 일 년이라
는 시간을 이곳에서 보내게
되었습니다.

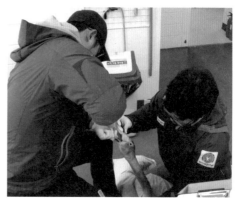

기력 회복을 위해 강제로 큰고니에게 유동식을 급여하고 있다.

치료가 끝나갈 무렵이
되니 어느덧 여름이 찾아왔
습니다. 큰고니에게 여름은
말 그대로 인내의 계절입니다. 이 시기엔 시원한 북쪽에 머무는 큰고니의
생태 특성상 조밀하고 풍성한 깃털을 지닌 채 이곳에서 더운 여름을 나는
것은 꽤나 힘겨울 테니까요. 그런 녀석을 위해 주기적으로 몸을 적셔 주고
머무는 공간에 시원한 물을 계속 공급해 주었습니다. 그렇게 여름을 견뎌
내고, 가을을 맞이하는 동안 다른 동물들이 구조센터에 들어오고 나가기를
반복했습니다. 큰고니와 함께 있던 오리 친구들은 모두 자연으로 돌아가고
남아 있지 않았지만 큰고니만은 센터에 머물며 묵묵히 자리를 지켜야 했습
니다. 그렇게 얼마나 시간이 더 흘렀을까요? 오지 않을 것만 같던 겨울의 시
작을 찬바람이 알려 왔습니다. 드디어 큰고니가 다시 자연으로 돌아갈 시간
이 다가왔습니다.

방생에 앞서 큰고니의 최종 검사가 진행되었습니다. 비쩍 마르고 연약했

구조센터에서의 생활이 시작되었다.

던 처음과 달리 몸은 아주 건강했습니다. 검사를 마친 후, 큰고니의 등에 GPS위치 추적기를 달았습니다. 이미 두 번이나 구조가 되었던 녀석이고, 어릴 때부터 오랜 기간 인위적인 공간에서 지내야 했던 녀석이기에 위치 추적을 통해 적응 여부를 판단하는 것이 필요했습니다.

위치 추적기 부착을 마친 큰고니를 이동장에 실었습니다. 한참을 달려 큰고니가 마주한 곳은 너른 평야에 둘러싸인 호수였습니다. 호수 한가운데에는 이미 많은 수의 큰고니가 찾아와 머물고 있었습니다. 약 일 년이라는 시간을 참아낸 큰고니가 마침내 원래 있어야 할 곳으로 돌아온 셈이죠. 이윽고 이동장의 문이 열리고 큰고니가 그토록 그리던 자연으로 발을 내딛었습니다. 천천히 그리고 조심히 다른 큰고니 무리가 있는 곳으로 이동했고, 그렇게 큰고니는 다시 야생의 삶을 되찾게 되었습니다.

"큰고니야, 우리한테 또 구조되지 않게 아프지 말고 잘 살아."

큰고니의 안녕을 바라고 또 바랐습니다.

센터에서 미리 위치 추적기를 달아 적응 여부를 관찰한다.

"오늘도 여전히 호수 부근에 있어?"

"네. 다행히 잘 지내고 있나 봐요."

녀석이 잘 살아가고 있는지는 구조센터 직원들의 최대 관심사였습니다. 일 년여를 함께 지냈고, 그만큼 녀석이 많이 고생했다는 것을 누구보다 잘 알기에 여러모로 신경이 쓰였습니다. 큰고니는 며칠간 방생한 장소 부근에 머물렀습니다. 그곳에서 다른 큰고니 무리에 합류해 잘 살고 있구나 싶었습니다. 그러더니 열흘 정도 지난 후에는 별안간 날아올라 조금 떨어진 거리의 어느 저수지에 내려앉았습니다. 큰고니가 선택한 저수지의 환경 정보가

힘차게 하늘을 나는 큰고니.

전혀 없었기 때문에 급하게 현장으로 나가 보았습니다. 꽤 널찍한 저수지였고, 큰고니가 즐겨먹는 수초와 그 뿌리가 저수지 곳곳에 있었습니다. 큰고니가 장거리 비행을 준비하는 동안 잠깐 머무는 장소로 알맞아 보였습니다.

하지만 이 저수지에는 큰 단점이 하나 있었는데요. 바로 많은 사람들이 찾는 유명한 '낚시터'라는 점이었습니다. 낚시는 누군가에게 소중한 취미 생활이지만 야생동물에겐 꽤나 위험한 요소입니다. 낚시를 하다가 떨어진 납추를 먹어 납에 중독되거나, 끊어진 낚싯줄이나 바늘을 삼키거나 몸에 걸리는 사고가 발생하기 때문에 이 저수지는 큰고니에게 그리 안전한 환경이

낚시터가 된 어느 저수지에 머물기 시작한 큰고니.

아니었습니다. 걱정이 되어 매일같이 현장에 나가 큰고니의 상태를 확인하기 시작했습니다. 큰고니의 위태로운 하루하루가 그렇게 흘러갔습니다. 그래도 한 달이 다 되어가는 동안 큰 탈 없이 잘 지내는 것 같아 마음이 놓이려는 찰나에 무언가 이상한 점이 감지되었습니다.

"큰고니의 움직임이 거의 없어. 아무래도 뭔가 이상이 생긴 것 같아. 현장에 나가서 확인해 봐야겠어."

컴퓨터로 큰고니의 위치를 파악하던 중 며칠간 움직임이 눈에 띄게 줄어든 것을 확인했습니다. 무슨 일이 생긴 건 아닌지 의심이 가는 상황, 급하게 저수지에 나가 보았습니다. 현장에서 만난 큰고니는 힘없이 저수지 가장자리에 웅크려 있었습니다. 큰고니에게 조금 더 가까이 다가가 관찰하니 아뿔싸, 부리에 낚싯줄이 감겨 있는 게 아닌가요. 낚싯줄이 어떻게 엉켜 있는지, 혹여 바늘이 목에 걸려 있지는 않은지 검사를 해야만 했습니다. 하지만 물 위에 떠 있는 녀석을 구조하기란 쉬운 일이 아니기에 우리는 여러 명이서 큰고니를 뭍으로 몰기 시작했습니다. 낚싯줄에 감겨 한동안 먹이 활동을 하지 못해 기운이 떨어졌는지 큰고니는 사람이 다가가도 도망조차 가지 않았습니다.

결국 부리에 낚싯줄이 감긴 채 발견된 큰고니.

가까이서 본 큰고니는 훨씬 더 수척했습니다. 포획한 후, 급하게 구조센터로 돌아와 바로 검사를 진행했습니다. 불행 중 다행인지 바늘이 걸려 있지는 않았지만 낚싯줄이 혀에 엉켜 점점 죄어들고, 목 깊숙이까지 들어가 식도가 막혀 먹이를 먹을 수 없는 상태였습니다.

낚시를 하다 보면 수초나 바닥의 돌에 낚싯바늘이나 봉돌, 낚싯줄이 걸리기 쉽습니다. 걸린 낚싯줄은 쉽게 끊어지는 경우가 대부분이고 사실상 수거가 불가능해 강가나 해안가에 쓰레기로 전락합니다. 그것도 너무나 위험한 쓰레기로 말이죠. 낚싯줄은 굉장히 가늘고 질기기 때문에 야생동물의 몸 일부에 엉키게 되면 여간해선 풀어내기 어렵습니다. 오히려 풀어내려고 발버둥칠수록 점점 더 조여 큰 상처를 입게 되죠. 심지어 몸 일부가 잘려나가는 경우까지 발생하니 얼마나 위험한지 알 수 있습니다.

이 큰고니의 위치 추적을 하지 않았다면, 조금만 더 늦게 발견했다면 어떻게 되었을까요? 혀에 더 큰 상처가 생겨 감염이 발생하고 식도가 막혀 아

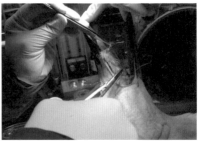

큰고니의 부리와 혀에 어지럽게 엉킨 낚싯줄을 제거했다.

무엇도 먹지 못한 채 굶주리며 고통 속에서 서서히 죽어 갔을 것입니다. 결국 큰고니는 또다시 구조센터로 돌아와야만 했습니다. 일 년여를 인내하고 기다리면서 그토록 그리워하던 자연의 품으로 돌아갔지만 채 한 달밖에 살지 못하고 다시 구조센터에서의 삶이 시작되었습니다. 그것도 벌써 세 번째, 지난번보다 훨씬 더 심각한 상태로 말이죠. 태어난 지 이제 일 년이 조금 넘은 이 생명이 짧은 시간 동안 얼마나 힘든 삶을 살고 있는지 감히 상상조차 할 수 없었습니다.

아이러니하게도 많은 이에게 낚시터로 사랑받는 저수지에는 이런 표지판이 세워져 있었습니다.

본 저수지의 보호 및 안전 관리를 위해 다음 행위를 금합니다.

- 낚시 또는 어망, 유해물질 등으로 물고기를 잡는 행위

허나 이를 아는지 모르는지 수많은 사람들이 낚시를 즐기고 있었고, 그들이 남기고 간 흔적은 저수지 곳곳을 더럽히고 있었습니다. 열흘이 넘는 동안 이곳에 나가 큰고니를 지켜보면서 관찰하니 그 누구도 쓰레기를 가지고 돌아가지 않았고, 낚시 행위를 적발하거나 금지시키는 모습 역시 볼 수 없었습니다. 안내문만 덩그러니 놓인 채 전혀 관리되고 있지 않았습니다. 하지만 누군가의 취미 생활이 이런 문제를 일으킨다고 하더라도 이를 법으로 규제하고 단속하는 것은 쉽지 않을뿐더러 궁극적인 해결 방안이 될 수 없습니다. 그보다는 취미 생활을 할 때 무엇보다 윤리적인 책임이 필요하다는 개선된 문화의 정착이 중요합니다. 낚시를 즐기더라도 보호구역에서는 하지 않고, 발생한 쓰레기를 수거해 자연 생태계를 보호하는 것이 당연하다는 일종의 사회적 약속 말입니다.

끝내 번식지로 돌아가지 못하고 좁은 계류장에 머물고 있는 큰고니를 바라보노라니 미안한 마음과 함께 가슴 한편이 답답했습니다. 인고의 시간을

낚시를 금하는 표지판은 아무런 소용이 없었다.

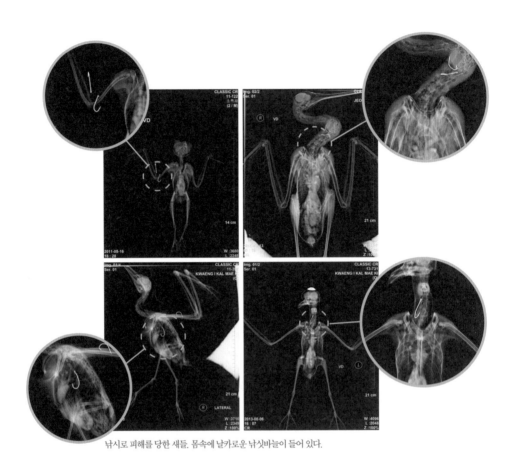

낚시로 피해를 당한 새들. 몸속에 날카로운 낚싯바늘이 들어 있다.

낚싯줄에 좌측 날개가 절단된 중대백로.

버텨 드디어 한 발짝 앞으로 나아갔는데, 나가자마자 줄에 걸려 넘어지고
만 큰고니. 그 줄은 누군가가 무심코 드리워 놓았던 낚싯줄이었습니다. 그
래도 큰고니는 악착같이 버텨 냈고, 다시 일어나 또다시 다가올 겨울을 기
다리고 있습니다. 그때가 되면 녀석이 미운오리새끼가 아닌 백조의 삶을 온
전히 살아갈 수 있을까요?

야생동물을 위협하는 우리의 취미 생활

디지털카메라의 급속한 대중화로 많은 사람들이 손쉽게 사진을 찍고, 접하는 시대가 되었습니다. 사람들은 자신의 기호에 맞게 다양한 사물을 파인더를 통해 바라보게 되었고, 이 중에는 '야생동물'도 포함됩니다. 야생동물을 촬영해 사진으로 남기는 일은 꽤 중요합니다. 사진을 통해 야

야생동물 촬영을 위해 모인 사진가들. ⓒ김어진

생동물의 생태와 서식 환경 같은 정보를 기록하고 저장하며, 야생동물을 쉽게 접할 수 없는 대중에게 사진으로나마 그들을 알리고 관심을 유도하는 순기능의 역할도 합니다. 하지만 최근 야생동물에게 크고 작은 피해를 끼치면서까지 좋은 사진을 찍으려고 욕심을 부리는 사람들이 있어 문제가 되고 있습니다.

역동적인 사진을 찍기 위해 돌을 던지거나 소리를 지르며 자극을 주어 쫓고, 야행성 조류에게 강한 불빛을 비춰 활동을 방해하기도 합니다. 이뿐만이 아닙니다. 특히 번식기에는 새끼를 길러 내고자 하는 어미의 모성을 이용해 더 가까이 다가가 극적인 사진을 찍으려고 합니다. 번식 중인 새들을 방해하는 것은 물론, 둥지 주변의 환경을 마음대로 훼손해 둥지와 새끼들을 천적에게 노출시키는 행태도 서

습지 않습니다. 심지어 둥지에 있는
연약한 새끼를 꺼내 마음에 드는 장
소에 올려놓고 사진을 찍을 정도이
니 무슨 말이 필요할까요?

두려움에 떨며 둥지를 지키는 쇠백로.

　모든 사람이 이런 잘못을 하는 것
은 아닙니다. 최대한 그들의 삶을 존
중하는 선에서 자신의 취미 생활을
이어가는 사람도 많습니다. 또 어떤 이는 자신의 행동이 동물에게 피해가 되는지
모르는 채로 잘못을 저지르기도 합니다. 그런 사람들을 위해 야생동물을 촬영할
때 지켜야 할 몇 가지를 소개합니다.

- 움직임을 최소화하고 움직일 때는 최대한 조용히, 천천히 이동한다.
- 야생동물과의 '임계거리(야생동물이 사람의 접근을 허용하는 최소거리)'를 지킨다.
- 둥지와 새끼는 절대 손대지 않는다.
- 둥지 주변의 환경을 임의로 변화시키지 않는다.
- 둥지의 위치를 많은 사람들과 공유하지 않는다.
- 자연환경과 비슷한 색의 옷을 입거나 위장막을 사용한다.
- 되도록 적은 수의 인원으로 다닌다.
- 돌을 던지는 것처럼 직접적인 자극을 주지 않는다.
- 자연을 훼손하거나 쓰레기를 버리지 않는다.
- 자신이 촬영하고자 하는 야생동물 종의 습성이나 특징에 대해 공부한다.

　취미 생활은 분명 긍정적인 역할도 하지만 누군가의 취미가 또 다른 생명을 곤
란한 상황에 빠뜨리기도 합니다. 그렇다고 취미를 법으로 규제하거나 잘못을 판

단해 처벌하는 것에는 한계가 있습니다. 가장 중요한 것은 성숙한 취미 문화의 정착입니다. 자신의 양심과 다른 사회구성원과의 묵시적 약속을 통해 취미를 누리면서도 불필요한 잘못을 최대한 줄여야겠다는 분위기가 이루어져야 합니다. 책임감과 생

위장텐트 내부에서 조심스럽게 촬영하고 있다.

명 존중을 더 우선시하는 취미 생활 말입니다. 무엇보다 욕심으로 얼룩진 사진은 절대 아름다울 수 없다는 것을 기억해야겠습니다.

드론을 이용해 과도하게 새 가까이에서 촬영하는 몰지각한 일도 벌어지고 있다. ©김태훈

겨
울
—

독수리

————————

'광주'의 힘찬 날갯짓

독수리는 맹금류 중에 가장 큰 새로, 겨울에 우리나라를 찾아오는 철새입니다. 야생동물구조센터를 방문하는 어린 학생들을 포함한 많은 사람들이 이렇게 큰 맹금류가 우리나라에도 존재하느냐고들 묻습니다. 도시에 살고 있는 사람들에게는 생소하겠죠. 하지만 경기도 파주, 연천, 강원도 철원과 춘천, 충남 천안, 아산, 서산, 전남 순천, 해남, 구례, 경남 산청, 하동, 진주, 고성 같은 축산업이 발달해 먹이를 구하기 다소 수월한 지역에서는 매년 찾아오는 손님이기에 어렵지 않게 볼 수 있답니다. 충남야생동물구조센터에 머물고 있는 독수리의 이름은 '광주'인데요. 이렇게 큰 독수리가 어떻게 해서 야생동물구조센터에 오게 되었을까요?

2013년 1월 광주광역시에서 전깃줄에 걸린 독수리 한 마리가 발견되었습니다.

"네? 전깃줄에 큰 새가 걸려 있다고요? 빨리, 최대한 빨리 구조해야 해요!"

날개의 깃털이 전깃줄에 엉켜 대롱대롱 매달려 있다고 합니다. 긴박한 상황이므로 최대한 빨리 녀석을 구조해야 했습니다. 현장에 있는 구조대원에게 사진을 받아 보니 정말 큰 독수리 한 마리가 전깃줄에 걸려 있었습니다. 독수리는 매우 큰 새입니다. 날개를 활짝 편 길이가 2.5~3.1미터에 해당하고 체중은 7~10킬로그램에 육박할 정도이니까요. 이런 큰 새가 지닌 치명적 단점이 어딘가에 부딪히는 사고를 겪기 쉽다는 점입니다. 체중이 많이 나가기 때문에 갑작스럽게 앞을 가로막는 장애물이 나타났을 때 즉각 회피

전깃줄에 오른쪽 날개가 걸린 독수리.　급한 대로 응급 처치를 한 후 센터로 이송되었다.

하는 것이 어려울 수밖에 없습니다. 독수리의 경우 전선을 미처 보지 못하고 충돌하는 경우가 많은데, 제아무리 큰 독수리여도 그런 사고를 겪으면 골절 같은 치명상을 입기 쉽습니다.

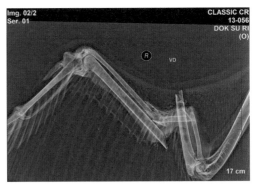

엑스레이 촬영으로 확인된 날개 골절.

또 전선에 부딪히면서 깃털이 걸리거나 엉키기도 하는데, 이 과정에서 발생하는 상처나 깃 손상 역시도 무시할 수 없습니다.

사다리차를 이용해 조심스럽게 녀석에게 접근했습니다. 힘이 빠진 녀석은 이미 모든 것을 체념한 듯 가만히 매달려 있었습니다. 상처 부위에서 악취가 나는 것을 보니 매달린 지 꽤 시간이 흐른 것 같았습니다. 전선에 엉킨 날개를 조심스럽게 풀어냈습니다. 바닥으로 내려온 녀석은 연신 거친 숨을 몰아쉬고 있었습니다. 얼마나 고생스러웠을까요. 녀석을 구조센터로 데려와 정밀 검사를 하니, 날개 뼈가 심하게 부러지고 피부와 근육도 손상을 입었습니다. 생명에는 지장이 없지만 치료를 한다고 해도 날개를 정상적으로 사용할 수 없는 상황이었습니다.

"이미 돌이킬 수 없을 정도로 날개 손상이 심해."

"어쩌지? 이 날개를 그대로 두면 오히려 부작용이 더 클텐데……."

동물이 쓸 수 없는 몸 일부를 지니고 살아간다는 것은 생각보다 훨씬 위험합니다. 보정 기구 사용이 제한적인 것은 둘째로 치더라도 사람과 달리 자신이 입은 장애를 제대로 인식하지 못하기 때문입니다. 날개가 없는데도 높은 곳에서 뛰어내리거나 처진 날개를 바닥에 질질 끌고 다니기 일쑤입니다. 그러다가 여기저기 부딪쳐 또 다른 상처를 입게 되어 심각한 감염으로 이어질 수도 있습니다.

결국 녀석의 날개를 완전히 제거하는 것이 최선이라는 판단을 내렸고, 수술을 진행했습니다. 이 어린 독수리는 그렇게 영구 장애를 갖고 다시는 야생으로 돌아갈 수 없게 되었죠.

교육동물로 새로운 삶을 살게 된 독수리 '광주.'

한쪽 날개를 잃게 된 독수리는 더는 하늘을 날 수 없으니 자신의 삶에서 가장 큰 부분을 잃었다고 해도 과언이 아닙니다. 녀석도 그러한 사실을 믿고 싶지 않았는지 식음을 전폐한 채 온종일 웅크려 있었습니다. 녀석의 크고 맑은 눈을 마주보고 있노라면 슬픔이 느껴졌습니다. 미안한 마음을 담아 상처 부위가 덧나지 않게 소독하고 불편하지 않게끔 많은 신경을 써 주었습니다. 우리의 마음을 녀석이 알아주었을까요? 점차 생기를 되찾더니 처음보다 훨씬 밝은 모습으로 구조센터에서의 생활을 이어가게 되었습니다.

독수리에게는 '광주'라는 이름을 붙여 주었습니다. 광주광역시에서 구조되었기 때문이라는 아주 단순한 이유입니다. 비록 많은 것을 잃었지만 독수리 광주는 새로운 삶의 의미를 찾았습니다. 구조센터에 머물면서 많은 사람들에게 조류 충돌 사고의 위험성을 알리고, 어떻게 하면 사고를 줄일 수 있는지 알려주는 '교육동물'의 역할을 담당하게 되었기 때문입니다.

"독수리 광주는 전깃줄에 부딪히는 사고를 겪어 이곳에 오게 되었어요.

산책과 목욕을 좋아하는 독수리 '광주'.

전깃줄 부근을 지나가는 재두루미. 어지럽게 널린 전깃줄은 새들에게 큰 위험이 된다.

전깃줄과 같은 구조물은 새들에게 큰 사고를 일으킬 수 있답니다. 그럼 새가 부딪히지 않으려면 어떻게 해 줘야 할까요?"

이처럼 자신과 같은 사고를 겪는 동물들이 더는 생겨나지 않도록 돕는 것이 독수리 '광주'가 찾은 새로운 삶의 의미입니다.

그렇다면 어떻게 해야 새들이 전선에 부딪히는 것을 막을 수 있을까요? 방법은 여러 가지가 있습니다. 전선을 땅 속에 묻어 애초에 부딪힐 경우를 만들지 않는 방법, 눈에 잘 띄는 덮개를 전선에 씌워 전선 자체를 보호함과 동시에 새들에게 장애물이 있다는 것을 알려주는 방법도 있습니다. 이러한 방법을 적어도 독수리나 큰고니와 같은 대형 조류나 수많은 철새가 도래하는 지역에서만이라도 시행한다면 새들이 전선에 충돌해 발생하는 피해를 분명 줄일 수 있습니다. 특히 이런 사고는 정전과 같은 문제를 일으켜 사람에게도 큰 피해가 발생하니 사고를 줄이기 위한 노력을 계속해야 합니다.

구조센터에서 살아가는 광주에게 가장 즐거운 시간은 바로 산책 시간입니다. 답답했던 계류장에서 나와 잠깐이나마 자유로이 돌아다니며 풀이나 나무를 물어뜯으며 다양한 감각을 느끼고, 발바닥에 진흙도 잔뜩 묻혀 볼 기회입니다. 가끔 너무 멀리까지 나가서 돌아오는 데 애를 먹기도 하지만 광주에게나 광주를 돌보는 우리에게나 참 즐겁고 소중한 시간입니다.

산책을 하는 시간 외에는 어쩔 수 없이 계류장 내에 머물러야 합니다. 그런 광주의 무료함을 달래주고자 '행동풍부화'를 실시하고 있습니다. 꽁꽁 묶여 있는 줄을 풀어 숨겨진 먹이를 찾고, 나뭇가지를 이리저리 옮겨가며

독수리 '광주'가 삼줄을 이용해 만든 공을 물어뜯으며 무료함을 달래고 있다.

가지고 놀고, 통을 굴려 안에 있는 먹이를 꺼내 먹는 일이 무료한 시간을 보내는 녀석에게 조금이나마 위안이 되고 있습니다.

산책을 함께하다 보면 광주가 종종 언덕에 올라서서 한쪽뿐인 날개를 크게 펼치고 바람을 느끼는 모습을 볼 수 있습니다. 그런 광주를 볼 때마다 여전히 녀석은 저 높은 곳의 하늘과 바람을 간절히 그리워하고 있다는 생각이 들어 안타깝고 가슴이 아픕니다. 녀석을 보면서 또 다른 광주가 생겨나지 않도록, 그들이 저 파란 하늘과 바람을 잃지 않도록 도와줘야겠다는 생각이 듭니다.

"광주야, 너도 그렇지?"

높은 곳에 올라가면 어김없이 바람을 느끼며 하늘을 그리워하는 독수리 '광주'.

힘들어서 더 즐거운 '행동풍부화'

 '행동풍부화'란 제한된 사육 상태에서 지내야만 하는 동물의 정해진 행동 규칙을 깨뜨리고, 야생에서 지낼 때 보이는 습성이나 호기심을 불러일으키는 다양한 행동을 유도하는 방법을 말합니다. 그럼 행동풍부화는 왜 필요할까요? 동물의 입장에서 생각해 보면 쉽게 이해할 수 있습니다. 계류 동물은 자연환경에 비해 무척이나 단순한 환경에서 지내다 보니 무료하고 답답할 수밖에 없습니다. 또 머무는 시간이 길어지면서 서서히 야생성이나 사회성도 떨어지게 됩니다.

계류 공간에서 무료하게 시간을 보내는 야생동물.

 이러한 문제를 조금이나마 해결하는 방법 가운데 하나가 행동풍부화입니다. 특히나 행동풍부화는 좁은 공간에서 지내는 동물이 흔히 보이는 정형 행동을 줄이고, 운동량이 부족한 동물에겐 운동을 유도합니다.

 행동풍부화의 방법은 여러 가지가 있습니다. 동물이 머무는 공간의 환

심어 놓은 풀 속에 몸을 숨기며 은신하는 법을 익히는 새끼 너구리.

경을 주기적으로 바꿔 주고, 보다 다양한 먹이를 여러 방법으로 색다르게 제공합니다. 또 사회성이 있는 동물의 경우 사회적 교류를 일으키게 하거나 다양한 자극을 제공해 감각을 만족시킵니다. 행동풍부화는 각각의 동물 특성에 적합하고, 흥미나 호기심을 유발시켜야 효과를 볼 수 있습니다. 이에 못지않게 중요한 것이 바로 '안전'인데, 행동풍부화를 진행하면서 제공한 환경의 변화나 물품 탓에 동물이 다치는 사고가 발생할 수 있으니 시행 이전에 안전성 점검이 꼭 필요합니다.

먹이를 이용한 행동풍부화에 반응하는 너구리.

이처럼 행동풍부화는 동물의 복지를 충족시키고 자연에 성공적으로 복귀시키는 데 중요한 역할을 합니다. 그렇기에 구조센터에서는 계류 동물에게 조금이라도 유익한 환경과 물품을 제공하려고 노력하는데, 좋은 아이디어가 떠오르지 않아 아쉽고 부족할 때가 많습니다. 하지만 계속해서 고민해야겠죠? 여러분도 함께 동참해 주시면 좋겠습니다.

장난감 쥐로 욕구를 충족하는 올빼미.

여
울
—

고라니

————————

콘크리트 농수로에 갇힌 눈이 맑은 동물

눈이 소복하게 내려앉은 겨울, 구조센터에 한 통의 전화가 걸려 왔습니다.

"마을 농수로에 고라니가 빠져서 이리 뛰고, 저리 뛰어다니면서 나오지 못하고 있어요!"

농경지 부근에는 어김없이 농수로가 존재합니다. 농경지에 물을 공급하기 위해서죠. 농사를 짓는 데 꼭 필요한 구조물이지만, 이것이 야생동물을 위협한다는 것은 잘 알려지지 않았습니다. 현재의 농수로와 비슷한 역할을 하던 과거의 둠벙은 야생동물에게 위협적이지 않았습니다. 오히려 다양한 양서류, 파충류와 하천에서 흘러들어온 어류가 살아가는 서식지였고, 야생동물들은 그곳에서 물을 마시거나 먹이 활동을 했습니다. 그러나 어느새 재래식 논은 바둑판처럼 네모반듯하게 나뉘었습

콘크리트 농수로는 규모가 무척 다양하지만 구조는 대부분 같다.

니다. 동시에 흙으로 쌓인 둑 사이로 흐르던 물길은 콘크리트 사이를 지나가게 되었습니다. 오직 농사만이 고려되고, 야생동물과 자연 생태계는 철저하게 배제된 변화이죠.

"저희가 이 농수로에 고라니가 갇혀 있다는 신고를 받고 구조하러 왔는데요, 혹시 목격하신 적 있나요?"

"어휴, 그럼요. 말도 못 해요. 어쩔 땐 네 마리가 한꺼번에 갇혀 있는 것도 봤어요. 아니, 근데 고라니를 뭐하러 구조해요? 농작물이나 축내는 나쁜 놈인데……"

투덜거리는 주민을 뒤로하고 농수로에 갇혀 있는 고라니를 찾기 위해 수색을 벌였습니다. 농수로의 깊이는 무려 2미터나 되었고, 폭은 10미터, 전체 길이는 26킬로미터에 이를 정도로 거대한 규모였습니다. 수색하면서 농수로를 살펴보니 고라니와 같은 야생동물이 스스로 빠져나갈 수 있는 통로라고는 찾아보기 어려웠습니다. 곳곳에서 야생동물의 발자국과 배설물의

혼적을 발견할 수 있었고요.

그렇게 얼마나 이동했을
까요? 앞에서 고라니 한 마
리가 가쁜 숨을 내쉬며 수로
내부를 뛰어다니고 있었습
니다. 농수로에 고립된 고라
니를 구조하는 방법은 두 가
지인데 하나는 스스로 나갈

수로 내부에 가득한 고라니의 흔적.

수 있는 위치까지 몰아가던가, 그럴 수 없다면 포획해 밖으로 끄집어내야
합니다. 이번에는 근처에 탈출구가 없어 녀석을 포획해야만 했습니다. 그러
기 위해선 녀석을 쫓아 구석으로 몰아 여러 명이서 그물을 이용해 신속하고
안전하게 포획해야 합니다. 하지만 다리가 진흙과 물에 잠기는 상황에서,
흥분해 도망가는 고라니를 쫓는 것은 매우 어려웠습니다. 자칫하다가 놓치
기라도 하면, 또다시 한참을 쫓아가야 하는 상황이 반복될 수 있으니 말이
죠. 그 때문에 부득이한 상황에서는 마취총을 쏘아 포획해 구조하기도 합니
다. 하지만 흥분한 고라니를 마취하면 호흡이 억제되어 산소 결핍증에 빠져
죽을 위험도 있습니다.

녀석을 안전히 구조하기 위해 작전을 세웠습니다. 두 명이 그물을 이용
해 서서히 왼편에서 다가가 대기하는 오른편으로 고라니를 몰아 함께 덮치
는 작전입니다. 하지만 수로 폭이 너무 넓어서, 단지 몇 명의 사람만으로는

고라니 발견

그물을 이용해 고라니 포획을 시도

완벽하게 길목을 막아낼 수 없었습니다. 때문에 고라니를 저 멀리에서부터 몰아 수로의 폭이 좁아지는 위치까지 내려와야 했습니다. 작전이 시작되자 고라니는 어김없이 다가오는 사람들의 반대편으로 빠르게 뛰어가기 시작했습니다. 고라니를 몰아 내려오는 사람들도 발이 푹푹 빠지는 진흙을 헤쳐 내고, 얼어붙은 빙판에 몇 번이나 미끄러지면서 열심히 고라니를 따라갔습니다. 얼마나 뛰어 내려왔을까요? 아마 이삼 킬로미터는 족히 넘은 것 같았습니다. 고라니는 전혀 지친 기색을 보이지 않았습니다. 반면에 사람들은 거친 숨을 몰아 내쉬기 시작했습니다.

"조금만 더 몰아가면 돼! 다들 힘내자."

아무리 힘들어도 멈출 수 없었습니다. 멈춰 버리거나 대열이 흐트러지면 갑자기 고라니가 방향을 바꿔 달려올 경우 막아낼 수 없을지도 모릅니다. 그렇게 되면 지금껏 몰아 내려온 수고는 한순간에 물거품이 되겠죠.

드디어 저 멀리에 길목을 막아선 사람들의 모습이 눈에 들어왔습니다. 고라니 역시 눈앞에서 사람들을 발견하고선 한순간 우뚝 멈춰 섰다가 다시 당황해 우왕좌왕했고 그때 양쪽에서 사람들이 달려와 재빨리 고라니를 둘러싸기 시작했습니다. 그러고는 그물을 이용해 순식간에 녀석을 덮었고 결국 포획에 성공할 수 있었습니다.

우여곡절 끝에 무사히 구조된 고라니.

수로에 떨어진 고라니는 포획 후 현장에서 바로 건강 상태를 확인했습니다. 추락 중 발생한 외상이나 골절이 있는지, 고립된 지 오래되어서 기아와 탈수 증세를 보이는 것은 아닌지를요. 만약 그런 문제가 있다면 구조센터로 데려가 충분히 치료한 후 자연으로 돌려보내게 되지만, 이상이 없다면 수로에서 멀리 떨어진 곳으로 이동해 자연으로 돌려보냅니다. 다행히 녀석은 약간 지친 것 외에는 큰 문제가 없어 자연으로 돌아갈 수 있었습니다.

이처럼 콘크리트 농수로가 고라니에게 큰 위협이 되고 있는데도 현재의 농수로 대부분을 콘크리트로 만들고 있죠. 평탄한 바닥에 양 옆 수직으로 우뚝 솟은 벽이 있는 직사각형 형태입니다. 각각의 목적에 따라 높이나 넓이, 길이에 차이가 있지만 성인의 키보다 높은 경우도 많고, 농경지의 규모에 따라 수십 킬로미터에 이르는 수로도 있습니다.

이러한 농수로에 고립되면 여간해서 빠져나오기가 힘듭니다. 제아무리 높은 점프를 하는 고라니라도 2미터에 달하는 높이를 뛰어넘기가 쉽지 않죠. 특히나 농수로는 폭이 좁아 도움닫기를 하기에도 어려운 경우가 많습니다. 뛰어넘어 나올 수 없다면 입구나 수문 같은 외부와 이어지는 탈출구를 찾아야 하는데, 농수로에 대한 이해가 없는 야생동물에겐 이도 어렵습니다. 심지어 이런 탈출구가 없는 농수로도 많고, 수문은 굳게 잠긴 채 방치되어 있는 경우가 대부분입니다. 말 그대로 한번 빠지면 꼼짝없이 갇혀 있어야 합니다. 누군가에게 발견되어 구조를 받는다면 다행이지만, 그러지 못하면 서서히 그 안에서 생명을 잃게 될 것입니다.

농수로의 문제는 포유동물의 고립에 그치지 않습니다. 양서류와 파충류를 비롯한 동물의 이동을 막아 생태계를 단절시키기도 합니다. 콘크리트 수로의 가파른 벽면은 다 자란 양서류에게도 넘을 수 없는 장애물입니다.

수로에서 나오지 못해 폐사한 고라니.

뿐만 아니라 수로 내 고여 있는 물에 산란한 개구리의 알이나 올챙이는 정상적인 서식지와 다르게 비가 오면 쓸려 내려가곤 합니다. 흙이나 돌, 풀 같은 자연적 환경이 적어 급격하게 유속이 빨라지기 때문이죠.

이처럼 콘크리트 농수로가 생태계에 끼치는 문제가 곳곳에서 발생하는데도, 오래전부터 사용하던 흙 농수로마저 콘크리트로 바뀌어 가는 상황입니다. 흙 농수로는 지하로 스며드는 물의 손실이 크고, 바닥에 자라나는 수초 때문에 유속이 느려지는 문제가 있다고 합니다. 하지만 이 역시 의문이 남습니다. 지하로 스며드는 물이 전부 다 손실되는 거라고 단정 지어도 되는 건지, 이러한 물 대다수는 지하수로 흘러들어가 결국 다시 사용이 가능해지는 것은 아닐까 하는 의문 말입니다. 설사 콘크리트로 짓는 것에 많은 이점이 있다고 해도 피해를 겪는 존재들의 희생을 당연시 여기는 태도는 확실히 문제가 있습니다. 하다못해 피해를 줄일 방법이라도 찾아봐야 합니다.

결국 농수로에 빠지면 스스로 나오기가 어렵다는 것이 문제인데, 수로 곳곳에 외부로 올라갈 수 있는 완만한 경사로나 탈출구를 일정한 거리마다 의무적으로 건설하는 것과 같은 제도적 개선을 포함한 공존의 노력이 필요합니다. 물론 이때는 내부에서 흐르는 퇴적물이 경사로나 탈출구를 막으면 소용이 없으니 이런 문제도 충분히 고민한 후 설계를 해야겠죠.

생태계를 살아가는 동물들의 삶을 고려하지 않은 채 건설되는 콘크리트 농수로로 입는 피해는 야생동물에게만 해당되지 않습니다. 거동이 불편한 어르신이나 어린아이도 자칫 농수로에 떨어져 다치거나 고립될 가능성이

콘크리트 농수로에 갇힌 고라니가 밖으로 나갈 곳은 어디에도 없다.

분명 있습니다. 물론 농수로를 왜 천편일률적으로 이렇게 건설하는지 이해가 가지 않는 것은 아닙니다. 지하로 흘러 들어가는 물의 유실을 줄이고, 논에 물을 대고, 빼는 데 있어 가장 단순하면서 확실한 구조를 택한 것이지요. 하지만 피해가 계속해서 발생한다면 이제는 고민을 해봐야 할 시점입니다. 무엇이 문제고, 어떻게 하면 피해를 줄여 나갈 수 있는지 말이죠. 공존이라는 것은 결국 고라니만 잘 살게 하려는 것이 아니라 우리 모두가 함께 잘 살아가기 위함이니까요.

고라니가 멸종위기 야생동물이라고요?

칠흑같이 어두운 밤, 저 멀리 갈대숲에서 무언가 기척이 느껴집니다. 괜스레 오싹하지만 누구일까 궁금한 마음에 조금 더 가까이 다가가 보았습니다. 날카롭고 긴 송곳니가 먼저 눈에 들어옵니다. 역시 녀석은 무시무시한

눈이 맑은 고라니.

존재일까요? 그런데 그 순간! 녀석이 고개를 돌려 이쪽을 바라보는 게 아닌가요. 두려웠던 마음도 잠시, 마주한 녀석의 눈망울이 참으로 맑고 선합니다. 이처럼 긴 송곳니를 지닌 동물을 한밤중에 갑작스럽게 마주한다면 제아무리 용감한 사람이라도 깜짝 놀랄지 모르겠습니다. 하지만 우리보다 몇 배는 더 화들짝 놀라 줄행랑을 칠 것이 분명한 이 녀석은 겁 많기로 둘째가라면 서러운 '고라니'입니다.

고라니는 한반도에서 흔히 만나는 포유동물입니다. 실제로 우리나라에 서식하는 사슴과 동물 중에서 개체 수가 가장 많습니다. 또 사슴을 생각했을 때 가장 먼저 떠올리는 뿔 대신 송곳니를 지닌 특징 때문에 우리나라에서 고라니를 모르는 사람은 그리 많지 않습니다. 하지만 고라니를 '잘' 아는 사람은 찾아보기 어렵습

니다. 또 고라니가 어떻게 살아가는
지 궁금해하는 사람 역시 거의 없습
니다.

수컷은 긴 송곳니를 지녀 흡혈귀 사슴이라고도 불린다.

　현재 고라니가 멸종위기에 처해
있다는 사실을 아는 사람이 얼마나
있을까요? 고라니는 세계자연보전
연맹(IUCN)에서 지정한 '취약(VU,
Vulnerable)' 단계에 등재되어 있습니다. 우리나라에서는 가장 흔히 볼 수 있는 포
유동물인데, 세계적으로는 멸종위기 야생동물인 거죠.

　실제로 고라니가 살고 있는 나라는 손에 꼽습니다. 과거 전시나 사육의 목적으
로 유럽으로 건너갔다가 야생화되어 영국이나 프랑스 등지에서 살아가는 일부 개
체군이 있긴 하지만, 고라니가 토착종으로 서식하는 나라는 오직 우리 한반도와
중국뿐입니다. 현재 중국 양쯔강

고라니에게 가장 큰 위협은 차량과의 충돌이다.

남부의 일부 지역에 서식하는 고라
니는 개체 수가 그리 많지 않아 보
호종으로 지정되어 있고, 일부에서
는 복원 사업까지 진행하고 있습니
다. 그렇다면 우리나라는 어떨까
요? 실제로 전 세계에서 고라니의
서식 밀도가 가장 높은 지역이 한
반도입니다. 만약 한반도에서 고라
니가 사라진다면, 어쩌면 고라니는
지구상에서 더는 만날 수 없는 절
멸의 위기로 접어들지도 모릅니다.

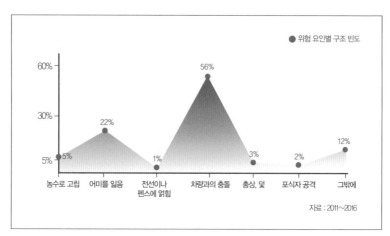

위험 요인별 구조 빈도

60%

56%

30%

22%

12%

5% 5%

1%

3%

2%

농수로 고립　어미를 잃음　전선이나　　차량과의 충돌　총상, 덫　　포식자 공격　　그밖에
　　　　　　　　　　펜스에 얽힘

자료 : 2011∼2016

조난된 고라니를 통해 살펴본 위협 요인.

이처럼 멸종위기 수준이 높아 적
색목록에까지 등재되어 보호를 필
요로 하는 고라니지만, 우리나라에
서는 사정이 조금 다릅니다. 우리
에게 고라니는 멸종위기 야생동물
이기 이전에 '유해 야생동물' 혹은
'유해조수'로 널리 알려져 있습니

올무에 걸린 고라니.

다. 인가에 나타나 애써 가꿔놓은 농작물에 피해를 준다는 이유로 말이죠. 그런
데 여기서 의문이 남습니다. 왜 우리는 고라니가 유해 야생동물이기 이전에 우리
나라의 토착종이고, 세계적으로 멸종위기에 처해 있으며, 우리나라에서 고라니가
사라진다면 절멸할 수도 있다는 것은 모를까요?

아마도 우리가 '인간'이기 때문일 것입니다. 고라니의 처지를 돌아보기에 앞서,
고라니로 인해 피해를 겪는 사람들의 마음을 먼저 헤아리게 되니까요. 그 때문에

신문이나 방송에서는 대부분 고라니의 부정적인 면을 부각해 보도하고 있고, 이를 접한 사람들은 자연스레 고라니에게 편견을 갖게 됩니다. '농작물이나 축내는 성가신 녀석', '너무 많아 마구 잡아도 상관없는 녀석', '어차피 잡아낼 거, 구조의 손길을 내미는 것도 사치인 녀석' 쯤으로 말이죠.

고라니 때문에 발생하는 피해도 헤아려야겠지만, 고라니에 대한 일방적인 편견과 부정적 시선 그리고 왜곡된 정보가 난립하는 과정에서 고라니에게 만연하게 이루어지는 가학적 처치와 무분별한 포획은 분명 문제입니다. 우리나라에 고라니가 많다고는 하지만 정작 얼마나 많은지, 조절해야 한다면 그 적정 수준이 어느 정도인지 판단할 연구 결과 역시 부족한 상황이지요. 특히나 세계적으로 희귀한 유전자원은 개체 수가 많더라도 유전자 다양성이 감소할 수 있음을 고려해 인위적인 조절에 신중해야 합니다.

단순히 눈에 많이 보인다고 괜찮을 거라는 믿음은 버려야 합니다. 과거에 우리와 부대끼며 살아왔던 동물들을 왜 지금은 볼 수 없게 되었을까요? 어쩌면 우리의 편견, 시선, 왜곡이 그 원인이었는지 모릅니다. 다시금 되새겨 볼 말이 있습니다. 멸종위기에 처해 있는 고라니가 콘크리트 농수로에 빠져 서서히 죽어가고 있는데, 그런 녀석을 보며 '농작물이나 축내는 나쁜 놈을 뭐하러 구조하느냐는 그 말이 얼마나 가시 돋친 말인지를요.

고라니가 꼭 농작물만 축내는 나쁜 녀석일까?

겨
울
—

흰꼬리수리

두 번 추락한 최상위 포식자

　총성이 울려 퍼지고 한 생명이 하늘에서 힘없이 추락했습니다. 총에 맞은 동물은 '흰꼬리수리'였습니다. 흰꼬리수리는 국내에 도래하는 대형 수릿과 조류로, 세계에서 손에 꼽을 정도로 크고 무거운 수리로 알려져 있습니다. 매년 겨울 강 하구나 드넓은 호수가 있는 지역에 모습을 나타내는데, 멸종위기 야생생물 Ⅰ급이자 천연기념물로 지정되어 보호받는 국제적 멸종위기종인 녀석을 만나기란 그리 쉬운 일이 아닙니다. 일단 성장을 하고 나면 자연 생태계에서는 천적이 없는 최상위 포식자가 됩니다. 하지만 그런 그들

총에 맞아 구조된 어린 흰꼬리수리.

에게도 위협이 되는 존재가 있으니, 바로 우리 '인간'입니다.

가쁜 숨을 몰아쉬는 녀석의 날개에는 선명한 피가 흘러내리고 있었습니다. 구조센터로 이송 후 녀석이 정말로 총에 맞은 것인지, 다친 정도가 얼마나 심각한지 확인하기 위해 엑스레이를 찍었습니다. 아니나 다를까, 오른쪽 날개를 관통한 총탄의 파편이 선명하게 남아 있었습니다.

"오른쪽 날개에 총탄 파편들이 있어. 겨울을 나기 위해 저 멀리서 힘겹게 우리나라까지 날아온 녀석에게 도대체 왜 총을 겨누는 거야……."

설상가상 뼈도 부러져 있었습니다. 태어나 일 년도 채 되지 않은 어린 녀석이 처음으로 우리나라를 찾았다가 누군가가 무책임하게 쏘아댄 총에 날개를 관통당한 것입니다. 천만다행히도 신경에는 손상이 가해지지 않아 치

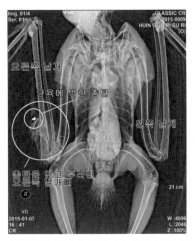

오른쪽 날개에 부러진 뼈와 총탄의 파편을 확인할 수 있다.

료가 가능했지만 예후가 썩 좋은 상황은 아니었습니다. 그렇지만 그 누구도 흰꼬리수리가 다시 힘차게 날갯짓하는 모습을 포기하고 싶지 않았습니다. 흰꼬리수리가 심각한 멸종위기종이어서가 아니라, 녀석의 자유를 빼앗은 것이 바로 우리 '인간'이기 때문입니다.

인류의 역사를 되짚어볼 때, 야생동물 사냥은 분명 우리 삶과 떼려야 뗄 수 없는 중요한 생계 수단이었습니다. 식량과 가죽을 얻고, 목숨과 재산을 보호하기 위해서 말입니다. 하지만 오늘날에는 이야기가 조금 다릅니다. 삶의 질이 많이 향상되었고, 이미 생태계가 심각하게 훼손되어 생물 다양성이 크게 줄어든 상황에서 사냥은 필수가 아닌 선택, 그것도 매우 제한된 선택의 길로 접어들었으니 말입니다. 그런데도, 당장에라도 보호하지 않으면 멸종을 향하여 치닫는 동물에게까지 총구를 겨누는 것은 아무리 생각해도 이해가 되질 않습니다. 혹자는 동물과의 거리가 멀어서 어떤 동물인지, 법정 보호종인지 아닌지를 구분하기 어렵다고 말합니다. 하지만 구분할 수 없다면 총을 쏘지 말아야 하는 것이 당연하지 않을까요? 앞에서 이야기했지만, 우리나라에서는 사냥이 매우 제한적입니다. 개체 수가 많아 조절이 필요하거나 인명이나 재산에 피해가 예상되는 경우에 한합니다. 그런 조건을 확인하지 않고 무조건 총을 쏘아대는 것은 분명 문제입니다. 또 구분할 능력이 없는 사람에게 총기 사용을 허가하는 것에도 아쉬움이 큽니다.

흰꼬리수리의 치료를 시작하기에 앞서 고통을 줄여 주기 위해 마취를 진행했습니다. 마취가 된 후에도, 녀석은 총에 맞은 날개를 미세하게 떨고 있었습니다. 얼마나 고통스러울지 짐작조차 가지 않았죠.

하나, 둘 파편들을 제거하기 시작했습니다. 아주 작은 파편부터, 총탄의 모습을 간직한 큰 파편까지 참 많이도 박혀 있었습니다. 총탄을 제거한 뒤에는 조각난 뼈를 맞추었습니다. 다행히 총에 맞은 뒤 오랜 시간이 지나진 않아서 뼛조각이 사라지거나, 감염 같은 문제는 발생하지 않은 상황이었습니다. 찢어진 피부를 봉합하고, 추가 감염을 막기 위해 소독하는 것으로 수술은 끝이 났습니다.

흰꼬리수리의 치료는 무척 성공적이었습니다. 운동만 열심히 한다면 자연으로 돌아가도 충분할 정도로 회복이 가능해 보였습니다. 그 기대에 부응하려는지 녀석도 시간이 지나면서 점점 나아지는 모습을 보였습니다. 하지만 재활이 다 끝나도 당장 자연으로

흰꼬리수리의 근육에 박힌 납탄을 제거하고 있다.

재활 훈련에 들어간 흰꼬리수리.

돌아갈 수는 없었습니다. 겨울철새인 흰꼬리수리의 생존 확률을 높이려면 계절이 겨울이어야 하는데, 구조되어 치료와 재활의 과정을 충분히 거치기에는 남은 겨울이 너무 짧았기 때문입니다. 결국 조금 더 확실하게 재활의 과정을 거친 후 돌아오는 겨울에 자연으로 돌려보내기로 했습니다.

봄, 여름, 가을…… 그렇게 시간이 흘러 어느덧 다시 겨울이 돌아왔습니다. 최종 검사를 마친 녀석에게 야생으로 돌아가서도 잘 살아가는지 확인하기 위해서 금속가락지와 GPS 위치 추적기를 채워 주었습니다. 추적기를 통해서 녀석의 위치를 확인하고, 필요하다면 현장으로 직접 가서 어떻게 지내

위치 추적기를 달았다.

는지 관찰하기 위해서입니다. 그렇게 흰꼬리수리는 자연으로의 힘찬 날갯짓을 이어갈 수 있었습니다. 사람이 총을 쏘고, 사람이 치료해 주는 아이러니한 상황 속에서도, 긴 시간 힘겨웠을 치료와 재활의 과정을 포기하지 않았기 때문입니다. 아픈 기억일랑 접어두고, 이제는 편히 살아 주었으면 하는 기대도 흰꼬리수리의 날갯짓에 함께 실어 보냈습니다.

11개월을 기다려 힘차게 자연으로 돌아간 흰꼬리수리.

흰꼬리수리를 자연으로 돌려보낸 후, 녀석이 머물고 있는 좌표를 주기적으로 확인하며 특이사항이나 예기치 못한 사고를 대비하기 시작했습니다. 적어도 일주일에 한 번은 현장에 나가 어

죽은 고라니를 먹고 있는 흰꼬리수리.

떻게 지내는지 관찰했습니다. 방생 장소 부근에서 사흘간 머물던 흰꼬리수리는 이후 더 북상해 어느 정도 자리를 잡고 살아가는 것으로 확인되었습니다. 흰꼬리수리는 어류, 조류, 포유류 따위의 다양한 먹이를 사냥했고 죽어 있는 먹잇감도 곧잘 먹는 기회 포식의 모습도 보였습니다. 비에 쫄딱 젖으면서까지 로드킬된 고라니를 먹는 모습도 관찰되었고요. 그렇게 3개월 정도의 시간이 흐르고, 이제 조금 마음을 놓으려는 찰나에 우리는 듣고 싶지 않은 소식을 접해야만 했습니다.

"방금 구조를 요청하는 연락이 왔는데, 어쩌면…… 아니야. 설마, 아니겠지."

그토록 잘 살아가길 바랐던 녀석이 다시 사고를 당했다는 사실을 믿을 수 없었습니다. 불길한 예감을 뒤로하고 마주한 흰꼬리수리, 녀석의 등에는 위치 추적기가 부착되어 있었습니다. 녀석은 지난번과 마찬가지로 또다시 오른쪽 날개를 다친 상태였습니다. 하지만 상황은 더 심각했습니다. 부러진

뼈의 정도도 그렇고, 뼛조각 가운데 일부가 사라지기까지 했으니 말입니다. 최악의 경우 날개를 절단해야 하는 상황이었습니다. 물론 절단하지 않는다 하더라도 정상적인 비행은 기대하기 힘들었습니다. 엑스레이 촬영을 해 보니, 부러진 뼈 주변에 정체불명의 하얀 가루가 곳곳에 흩어져 있었습니다.

"확실치는 않지만······ 저것 역시 총탄의 파편 가루일 수 있어. 그렇다면 또 누군가가 쏜 총에 맞은 거야."

목격자가 없으니 녀석이 다치게 된 원인을 무어라 단정 지을 순 없었습니다. 어쩌면 다시 총에 맞았을 수도 있고, 아니면 전깃줄과 같은 구조물에 날개를 부딪쳤을 지도 모릅니다. 하지만 한 가지는 확실했습니다. 녀석을 두 번이나 다치게 한 것이 결국 우리라는 것이죠.

구조 직후 긴박하게 수술이 이루어졌습니다. 뼈의 위치를 맞춘 후 핀으

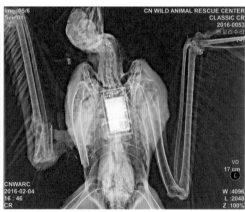

또다시 오른쪽 날개가 부러져 구조된 흰꼬리수리. 저번보다 그 정도가 훨씬 심각하다.

흰꼬리수리는 결국 날개를 절단하는 수술을 받아야 했다.

로 고정시켜 교정하고자 했지만, 없어진 뼛조각을 다시 만들어 내는 것은
불가능했습니다. 또 피부가 너무 많이 찢어져 봉합을 해도 다시 뜯어질 가
능성이 높았습니다. 결국 흰꼬리수리의 날개는 치료가 불가능하다는 판단
이 내려졌고, 절단하기에 이르렀습니다. 일 년여간을 고생하고 참아가면서
그토록 그리워하던 자연의 품으로 돌아갔지만, 겨우 백 일 정도 살았을 뿐
입니다. 그나마 지난번에는 다시 자연으로 돌아갈 수 있다는 희망이라도 있
었지만, 지금은 그 빛마저 바래졌습니다.

　야생에서의 삶은 생존과 죽음의 경계를 넘나드는 척박함 그 자체일 것입

니다. 춥고 배고프고, 쫓기고 쫓고, 경쟁하고 인내하며 살아야 함은 분명합니다. 우리가 방해하지 않아도 이미 벼랑 끝에 몰려 있는 삶이죠. 그런데도 우리는 그들에게 총구를 겨누고, 덫을 놓고, 쫓아내고 있습니다. 날개가 있건 없건, 우리에겐 이 지구상의 수많은 생명을 추락시킬 무서운 힘이 있습니다. 모든 생명이 다 추락하고 나면, 그다음은 무엇을 추락시킬까요? 그들의 날개를 지켜 주는 일, 정녕 우리에게서 기대할 수 없을까요?

대형 맹금류의 위험한 먹이

매년 겨울철마다 센터에는 최상위 포식자에 속하는 독수리나 흰꼬리수리와 같은 대형 맹금류가 구조되어 들어옵니다. 녀석들은 덩치도 크고, 바람을 타고 유유히 하늘을 날기 때문에 쉽게 눈에 띕니다. 그래서일까요? 하나같이 법정 보호종에 속해 당장 보호가 필요한 멸종위기 야생동물인데도 빈번히 누군가 쏜 총에 맞아 사고를 당합니다. 법적 테두리를 한참이나 벗어난 야만적 행태지요.

녀석들을 위협하는 것은 밀렵만이 아닙니다. 안개가 끼거나 흐린 날에는 교각이나, 전깃줄, 풍력발전소의 날개와 같은 인공 구조물에 부딪히곤 합니다. 워낙 덩치가 크다 보니 즉각 회피하기가 어려워 갑작스레 나타난 구조물을 피하지 못하는 것이죠.

독수리나 흰꼬리수리 같은 대형 맹금류는 종에 따라 차이가 있지만 기본적으로 죽은 동물의 사체도 곧잘 먹는 청소동물입니다. 어떤 사람들은 사체를 먹는 동물을 부정적으로 보기도 하는데 이는 편견일 뿐 생태계에서 지극히 자연스러운 일입니다. 사람들이 즐겨 먹는 고기 역시 엄밀히 보면 죽은 동물에서 비롯되는걸요. 이상할

사체를 먹는 흰꼬리수리.

게 하나 없죠.

무엇보다 청소동물은 생태계에서 굉장히 중요한 역할을 합니다. 사체가 부패하면 질병이 퍼지고 해충이 집단 발생할 위험이 있습니다. 그런데 독수리와 같은 청소동물이 나타나 사체를 먹는다면, 이런 문제를 예방할 수 있겠죠. 만일 청소동물의 개체 수가 줄어들어 제 역할을 할 수 없다면 동물들은 물론 우리도 질병에 쉽게 노출될지 모릅니다.

이런 청소동물에 대해 잘못 알려진 상식 가운데 하나가 그들이 '썩은 고기'를 좋아한다는 것입니다. 그러나 이것은 사실이 아닙니다. 청소동물이 사체를 찾아 먹을 기회는 그리 흔치도 않을 뿐더러 녀석들에겐 꽤 간절한 기회입니다. 또 죽은 지얼마 안 된 신선한 먹이만을 찾아 헤맬 수도 없는 노릇이고요. 신선한 먹이만을 먹는 청소동물이라면 다른 개체와의 경쟁이 치열할 겁니다. 그렇기에 조금 시간이 지나 부패가 시작되었더라도 그 먹이를 포기할 수 없는 거죠.

사체를 먹는 청소동물에게 '죽은 동물이 과연 어떤 이유로 숨을 거두었는가'는 녀석들의 생사를 결정할 만큼 매우 중요합니다. 농약 때문에 죽은 동물을 청소동물들이 먹는다면 녀석들 역시 마찬가지로 농약에 중독됩니다. 또 사람이 쏜 총에 맞고 죽은 동물을 먹는 과정에서 혹여 납탄을 함께 먹는다면 납에 중독됩니다. 농

농약이 묻은 볍씨를 먹고 죽은 가창오리와 그 사체를 먹고 농약에 2차 중독된 독수리.

약중독과 납중독에는 여러 차이가 있지만, 조금만 섭취해도 문제가 발생하고 쉽게 분해되지 않아 축적된다는 공통점이 있죠. 그래서 그 지역의 다른 많은 동물들 역시 같은 사고에 노출될 가능성이 커지니 절대로 경계를 늦출 수 없는 문제입니다.

우리나라는 축산물을 야외에 버리는 것을 법적으로 금지하고 있어 청소동물들이 먹이 부족에 시달리고 있습니다. 민간단체와 관공서에서 때때로 먹이를 공급하는 실정이죠. 하지만 도축장에서 나오는 부산물이나 가축 농장에서 나온 폐사체도 먹이로 주고 있어 잠재적으로 질병 감염의 문제가 남습니다. 그렇다고 일반 정육을 제공하자니 비용이 너무 많이 들고요. 최근에는 사고로 죽은 야생동물, 특히 고라니를 먹이로 많이 주고 있습니다. 폐사한 야생동물이 다른 야생동물의 에너지원이 되는 것 자체에는 나름 의미가 있지만 고라니의 경우 수렵 과정에서 사용된 납탄이 몸에 박혀 있을 가능성이 있고, 이를 다시 독수리나 흰꼬리수리가 먹게 되면 심각한 납중독에 빠질 위험이 있으니 주의해야 합니다. 그래서 죽은 야생동물을 먹이로 주기 전에 엑스레이로 찍어 몸에 납탄이 있는지를 먼저 확인하는

로드킬로 폐사한 고라니 역시 청소동물에겐 유혹적인 먹이이다.

과정이 필요합니다.

또한 먹이를 이유로 너무 많은 개체의 대형 맹금류를 한 장소에 모이게 하면 예기치 못한 질병이 퍼지거나 오염원과 접촉해 대규모 피해가 발생하니 조심해야 합니다. 실제로 독수리들이 많이 도래하는 지역에서 여러 마리가 같은 위험에 노출되어 단체로 조난에 처하는 일이 계속해서 벌어지고 있습니다. 그렇다고 먹이를 안 줄 수도 없고, 다양한 곳에 나눠 제공하자니 물리적인 어려움이 따르고요. 이에 대해서는 앞으로도 깊은 고민과 관련자들 간의 지속적인 협의가 필요합니다.

겨울이 지나 봄이 찾아오면 이 덩치 큰 친구들은 그들의 번식지인 몽골과 러시아 쪽으로 북상합니다. 그때까지 아무쪼록 잘 먹고, 잘 쉬다가 무사히 돌아가기를 바랍니다. 그리고 꼭 내년에 새끼를 데리고 다시 우리나라를 찾아와 또 만나면 좋겠습니다.

겨
울
—

참매

———

600리 길을 귀향하다

2015년 2월, 저희에게 무척이나 뜻깊고 반가운 소식이 들려왔습니다.

약 2년을 거슬러 올라간 2013년 4월, 어린 참매 한 개체가 접수되었습니다. 당시 이 참매는 굉장히 특이한 이력을 지녔었는데요. 전남 신안군에 위치한 홍도라는 섬에서 조류 조사를 하던 국립공원 철새연구센터 직원이 기아 상태에 놓인 참매를 처음 발견해 구조하였습니다.

바람을 가르며 날렵한 비행으로 먹잇감을 사냥하는 참매이지만, 아직 어린 녀석이기에 사냥 실력이 미숙했고 여러 번의 실패가 반복되면서 기아 상태에 놓이게 된 것으로 추측되었습니다. 어느 정도의 영양 공급만 이루어진 다면 다시 건강을 되찾을 상황이었기에 그 직원은 녀석을 데려와서 며칠간 먹이를 주며 돌보았습니다. 정성어린 보호 덕분인지 얼마 지나지 않아 녀석은 활기를 되찾았고 무사히 자연으로 돌아가게 되었습니다. 혹시나 또다시 거듭되는 사냥 실패로 어려움을 겪지는 않을까 하는 우려에 녀석에게 가락지 모양의 인식표를 다리에 달아준 후 홍도 바로 옆에 위치한 흑산도에서 방생을 했습니다.

　허나 참매가 잘 살아갈 거라는 희망은 그리 오래가지 못했습니다. 얼마 지나지 않아 조난당한 참매가 다시 발견되었는데, 녀석의 다리에 금속가락

섬에서 구조되어 머나먼 길을 달려온 참매.

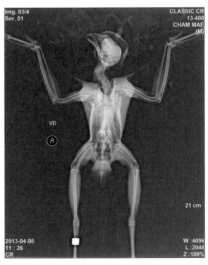

충돌에 의해 오른쪽 어깨가 주저앉은 참매.

지가 부착되어 있었습니다. 그렇습니다. 얼마 전 구조해 자연으로 돌려보냈던 어린 참매가 또다시 구조된 것이죠. 하지만 이번의 상황은 사뭇 심각했습니다. 지난번과 같은 단순한 기아 상태가 아닌, 날개를 심하게 늘어뜨리고, 몸에 혈흔도 관찰되었기 때문입니다. 사고를 당한 것이 틀림없었습니다. 철새연구센터에는 수의사가 없어 녀석의 정확한 진단과 치료가 불가능했기에 참매는 배에 실려 육지로 나와 다시 자동차를 타고 한참을 달려 이곳, 충남야생동물구조센터까지 오게 되었습니다.

그렇게 우리에게 개체번호 13-400 참매 '홍도'가 오게 되었죠.

당시 '홍도'는 얼굴 눈썹선 부분에 상처가 있었고, 꽁지깃의 손상이 꽤 심한 수준이었습니다. 허나 문제는 그뿐만이 아니었죠. 엑스레이 촬영 결과 단순한 어깨 탈골이 아닌 견갑골, 오훼골 골절로 우측 어깨가 거의 무너져 내린 상황이었습니다. 아마도 어딘가에 강하게 부딪히는 사고를 당한 모양입니다. 사실상 굉장히 까다로운 치료이고, 치료가 잘된다 하더라도 영구 장애를 지니게 될 가능성도 높았으며, 다행히 그렇지 않다 하더라도 깃털의 손상이 너무 심해 깃갈이를 하기 전까진 자연으로 돌아갈 수 없는 상황이었습니다.

결국 13-400 참매는 영구 장애의 가능성을 열어둔 채 집중 치료를 받았고, 어느 정도의 치료가 끝난 후에는 재활 훈련을 받게 되었습니다. 이때부터 13-400 참매는 '홍도'라는 이름을 지니게 되었습니다. 그것이 지금까지 우리가 이 참매를 '홍도'라고 부르는 이유랍니다. 거듭 말하지만 구조된 야생동물에게 이름을 지어주는 것은 옳지 못한 행동입니다. 이름을 지어주고, 부른다는 것은 관리 중인 야생동물을 반려동물처럼 여기는 계기가 되거든요. 이는 해당 동물이 꼭 지녀야 할 야생성을 떨어뜨리고, 사람에 대한 경계심을 누그러뜨리는 결과를 낳게 되죠. 때문에 구조센터에서는 영구 장애 판정을 받았거나, 훈련을 받는 개체가 아닌 이상 절대 이름을 지어 부르지 않습니다.

훈련을 시작한 첫날, 홍도의 날갯짓은 무척이나 무거워 보였습니다. 짧은 거리를 날아도 숨을 가쁘게 몰아쉬며 힘들어할 정도였죠. 그래도 홍도는 푸른 하늘로 날아오르는 자신의 모습을 그려 보기라도 하듯 힘든 재활의 시간을 묵묵히 견뎌 냈습니다. 얼마나 오랜 시간을 버텨야 할지도 모르고, 어

치료 후 재활 훈련을 받고 있는 참매 '홍도'.

쩌면 영구 장애를 얻어 평생 자연으로 돌아갈 수 없을지도 모르지만 녀석도, 우리도 쉽게 포기하고 싶지 않았던 것 같습니다. 고통스러웠을 치료의 과정을 이겨 내고, 묵묵히 재활훈련을 버텨 주었던 '홍도'는 처음에 걱정했던 것과는 다르게 보란 듯이 건강을 되찾기 시작했습니다. 그렇게 시간은 점점 흘러갔고, 홍도의 비행은 몰라보게 좋아졌습니다. 길고 넓은 공간에서도 지친 기색 없이 날렵하게 비행을 하게 되었으니 말이죠.

약 반 년이 지났을 무렵부터는 본격적인 깃갈이가 시작되었습니다.

부러지고 꺾여 볼품없던 깃털이 빠지고, 깨끗한 깃털이 새로이 자라났습니다. 동시에 어린 참매의 모습은 온데간데없이 사라지고, 가슴깃털의 줄무늬가 세로에서 가로로, 몸 윗면의 덮깃이 갈색에서 청회색으로 제법 어른스럽게 바뀌었습니다. 원활한 깃갈이를 위해 훈련도 중단되었죠. 이때부터 '홍도'는 깃갈이를 진행함과 동시에 다시 야생성을 회복하는 기간을 보냈습니다.

처음과 달리 가슴 깃 무늬가 변해가는 홍도 가슴깃의 세로줄 무늬가 가로줄 무늬로 변해간다.

그렇게 오랜 시간을 버텨 내며 건강을 되찾은 '홍도'는 10개월이 지난 2014년 1월 15일 충남 서산시 부석면의 어느 야산에 방생되었습니다. 본래 야생동물을 자연으로 돌려보낼 때는 개발로 환경이 변했거나 지속적으로 위험에 처할 문제가 있는 상황이 아니라면, 구조되었던 장소의 일정한 범위 내에서 방생을 하는 것이 좋습니다. 익숙한 장소로 돌아가야 야생동물이 적응을 쉽게 할 수 있기 때문입니다. 허나 '홍도'의 경우에는 흑산도까지 이동해야 하는 어려움이 있었고, 무엇보다 당시 어린 개체인 상황에서 10개월이라는 오랜 계류 기간을 거쳤기에 굳이 기존 서식지에 방생하기보다는 참매가 선호하는 서식 환경에 방생하는 게 더 효과적이라고 판단했습니다.

상자의 문이 열리자마자 홍도는 힘차게 날아올라 자연의 품으로 몸을 던졌습니다. 홍도를 아는 모든 사람들이 바라던 바로 그 순간이었습니다. 고맙다는 말을 전하고 싶었던 걸까요? 홍도는 한참이나 자신을 돌봐주던 사람들의 주변을 돌며 멋진 비행을 보여주었습니다.

자연으로 돌아가기 전 최종 검사를 받고 있다.

자연으로 돌아간 홍도. 이 모습이 마지막이라고 생각했다.

"잘 가 홍도야. 다치지 말고 잘 살아야 해!"

그렇게 저희는 '홍도'의 안녕을 빌며 10개월간 쌓아올렸던 인연에 마침표를 찍는가 했습니다. 그런데 11일이 지난 2014년 1월 26일, 야외에 잠시 놓아둔 먹이인 병아리를 참매에게 도둑맞는 사건이 일어났습니다. 워낙 많은 양의 병아리를 한꺼번에 들고 날아가다 보니 그 참매는 얼마 못 가 작은 언덕 위에 내려앉았습니다. 황당한 마음을 가라앉힌 채 관찰하니, 그 참매는 바로 얼마 전 방생한 '홍도'였습니다! 아직 '홍도'와 저희의 연이 끝나지 않은 걸까요? 방생 후 처음으로 녀석의 활동 모습이 포착된 겁니다. 그동안 큰 탈 없이 살아 있다는 건 생존에 필요한 먹이 활동을 했다는 얘기입니다.

그러나 센터 주변을 계속 맴도는 것으로 보아 아직 환경에 완벽히 적응을 못해 자신의 영역을 만들지 못했거나 먹이 사냥에서 어려움을 겪고 있다고 추측되었습니다.

이러한 경우에는 단계적 방생(Soft-Release)을 진행하는 것이 바람직합니다. 이것은 방생 후 그 지역 환경에 완전히 적응할 때까지 혹은 생존에 필요한 여러 가지를 터득할 때까지 방생지 주변에 먹이를 공급하거나 은신처를 제공해 점차적으로 완전한 자연의 일부로써 역할을 할 수 있게 도와주는 것을 의미합니다. '홍도'는 계속해서 센터 주변에 나타나 저희가 주는 먹이를 가져갔습니다. 그렇게 한 달이 지나고 두 달을 거쳐 약 석 달 동안 단계적 방생을 진행했습니다. 1개월이 지나면서부터는 먹이를 놓는 빈도를 점차 줄여 나갔고, 그와 동시에 '홍도'의 모습도 보기 어려워졌습니다. 문 열고 나가면 어김없이 주변 나무에 앉아 우릴 지켜보던 녀석이 3월이 되자 무인카메라에 포착되는 모습 말고는 거의 볼 수 없었으니 말이죠. 그렇게 '홍도'는 점

먹이 도둑이 되어 다시 나타난 홍도. 다리에 금속 가락지가 보인다.

점 저희에게서 멀어져 진정한 자연의 일부가 되어갔습니다. 4월에 접어들면서 단계적 방생도 완전히 종료하였고, 이후로 '홍도'를 볼 수 없었습니다. '이젠 정말 연이 끝났구나'라고 생각했죠. 그때는 정말 그런 줄만 알았습니다.

무인카메라에 담긴 모습.

'홍도'를 잊고 지내던 2015년 2월, 흑산도에 위치한 국립공원 철새연구센터 관계자에게 갑작스럽게 연락이 왔습니다.

"저희가 흑산도에서 참

방생 후 10개월이 지나 발견된 홍도. 늠름하고 멋진 참매의 모습을 보여주었다. ⓒ국립공원연구원 철새연구센터

매를 발견했는데 다리에 금속가락지가 부착되어 있어요. 그런데 가락지의 번호가 ……"

연락을 받고 정말 까무러칠 뻔했습니다. 가락지에 새겨진 식별 번호가 다름 아닌 '홍도'의 것이었기 때문이죠. 2014년 4월에 방생된 '홍도'가 10개월이 지난 시점에 방생 장소에서 약 235킬로미터 떨어진 흑산도에서 발견되었습니다. 철새연구센터 측에서 보낸 사진에 담긴 '홍도'는 무척이나 늠름하게 자신보다 덩치가 큰 재갈매기(추정)를 사냥하고 있었습니다. 그냥 잘 지내고 있다는 모습만 보여줘도 고마울 텐데, 자신의 사냥 실력까지 뽐내주니 어찌나 대견하던지요!

방생 후에도 나타나 먹이를 달라고 기웃거리던 녀석이 어느새 정말 멋진 참매가 되어 나타났습니다. 비록 사진이었지만 잘 지내고 있는, 한층 멋있어진 '홍도'를 보니 그간 홍도와 함께했던 날들이 스쳐 지나가며 뭉클함이 밀려왔습니다. 참매 '홍도'와 우리의 연은 아직 끝나지 않았네요.

"홍도야, 우리 또 만날 수 있겠지? 그때까지 건강히 잘 지내렴."

인식표, 그들의 끝나지 않은 이야기

야생동물구조센터에서는 방생을 앞둔 동물에게 인식표를 부착합니다. 인식표를 단 동물은 야생에서도 어떤 개체인지 알아볼 수 있지요. 그 뿐만 아니라 얼마나 오래 살고, 어떤 자연환경에 주로 머물며, 어느 곳에서 어떻게 이동하는지에 대한 정보

다양한 종류의 인식표.

도 알 수 있습니다. 특히 구조센터의 경우 방생 이후 생존, 폐사 여부가 확인된다면 결과에 대한 평가를 내려 좀 더 나은 방향으로 발전할 수 있는 효과도 기대할 수 있습니다.

인식표로는 다리에 부착하는 금속 가락지가 대표적입니다. 마찬가지로 다리에 부착하는 플라스틱 소재의 유색 가락지나 플래그도 있고, 목에 부착하는 넥밴드Neck-band, 날개에 부착하는 윙택Wing-tag 등 종류도 다양합니다. 이러한 인식표에는 간단

다리에 플래그가 부착된 넓적부리도요.

한 글귀와 숫자가 적혀 있거나 색이 칠해져 있어 개체 구분이 가능합니다.

인식표는 동물의 종이나 크기, 생태적 특성, 연구 목적 따위를 고려해 부착합니다. 금속 가락지의 경우 기본 인식표로써 크기 역시 다양하기 때문에 대부분의 종에 제한 없이 부착이 가능합니다. 하지만 크기가 매우 작고, 무리 활동을 하는 도요물떼새의 경우 금속 가락지만 부착해서는 관찰이 쉽지 않습니다. 그래서 유색 가락지나 플래그를 함께 부착하는데, 금속 가락지의 경우 포획하거나 사진촬영을 통해 번호를 읽어야 하는 반면, 유색 가락지나 플래그는 다양한 색을 사용하고 부착 위치 등을 달리해 관찰만으로 개체 구별이 가능합니다. 따라서 금속 가락지보다는 관찰 가능성이 훨씬 높지요. 다만 같은 색을 여러 지역에서 사용하면 혼돈이 생기니 국제적인 협력과 정보 교환으로 색의 선택과 부착 위치에 대한 약속이 필요합니다.

목이 긴 조류에게는 넥밴드를 부착합니다. 주로 기러기류나 고니류의 동물이 해당되는데, 녀석들은 주로 물가에 서식하면서 물 위에 떠 있는 경우가 많습니다. 이런 상황에선 다리가 물속에 잠겨 보이지 않기 때문에 주로 넥밴드를 부착하는 것이

독수리에게 윙택을 부착하고 있다.

지요. 날개에 부착하는 윙택은 알파벳이나 숫자 그리고 색의 조합으로 개체 식별이 가능한 인식표입니다. 날개의 외측이나 내측과 외측 모두에 부착하기도 하는데 그럴 경우에는 높은 하늘에서 활공하는 동물을 아래에서 올려다보았을 때 관찰이 가능하다는 장점이 있습니다. 주로 독수리와 같은 대형 맹금류에게 부착하지요.

이러한 인식표는 여러 장점이 있습니다. 우선 동물에게 가해질 부담이 그리 크

지 않다는 것과 누구든 관찰과 기록이 가능하고, 재료의 준비나 부착에 드는 비용이 적다는 점입니다. 물론 단점도 있습니다. 직접 현장에 나가 관찰하거나 조류연구가 혹은 탐조가가 발견해 정보 공유가 이루어지지 않는다면 자료 수집 자체가 불가능합니다. 그래서 얻을 수 있는 정보가 제한적일 수밖에 없습니다.

이러한 단점 때문에 최근에는 GPS추적 장치를 사용하기도 합니다. 설정에 따라 하루 수차례 동물이 머무는 위치를 GPS좌표로 수집할 수 있어 굳이 동물을 관찰하러 현장에 나가지 않아도 되는 장점이 있습니다. 추적할 때 드는 유류비나 인건비 같은 추가 비용도 들지 않죠. 수집된 좌표 값을 통해 서식지의 환경이나 이

동 경로, 행동반경 같은 자료를 얻을 수 있고, 이렇게 축적된 자료는 해당 동물의 관찰을 넘어 야생동물 보존을 위한 중요한 자료로 활용할 수 있습니다. 한 가지 예를 들어 볼까요. 추적 중인 야생동물의 위치 좌표가 며칠이 지나도 계속해서

조류 GPS 추적 장치를 단 수리부엉이.

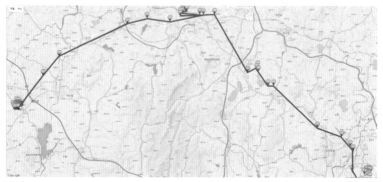

GPS 좌표를 통해 수리부엉이의 이동 경로를 알 수 있다.

한 장소에 머물러 있다면, 이것은 무엇을 의미할까요? 아마도 그곳에서 어떤 사고를 겪거나 고립되었다고 추측할 수 있습니다. 그럼 현장에 나가 동물을 구조하거나 폐사체를 수거할 수 있고, 그곳에서 어떤 사고를 겪었는지 원인을 파악할 수 있습니다. 이를 통해 추후 방생할 때 참고 자료로 활용해 방생의 성공률을 높이고, 사고 예방에도 큰 도움이 됩니다.

모든 동물에게 추적기를 부착하지는 않습니다. 아무래도 가장 큰 이유는 인식표에 비해 무려 백 배가 넘는 비용 때문입니다. 또한 인식표보다 큰 부피와 무게는 동물에게 부담이 되므로 충분한 평가를 바탕으로 선택해서 부착하

테스트를 위해 모형 추적기를 달고 수고해주는 너구리 '클라라'.

고 있습니다. 동물에게 추적기가 부담이 되는 것은 부피보다는 무게 때문입니다. 그래서 추적기의 무게는 동물 체중의 3~4% 이내로 제한하지요. 뿐만 아니라 방생하기 전에 센터에서 추적기를 부착한 상태로 장시간 머물면서 부작용이 발생하지는 않는지 충분히 관찰해야 합니다. 또 배터리가 방전되면서 자연스레 추적이 종료되는 시점을 고려해, 추적기 부착 재질은 자연적으로 닳아 떨어지는 약한 줄이나 가죽을 사용해야 합니다.

물론 어느 동물에게나 추적기는 불편하고 거추장스럽습니다. 하지만 녀석들이 감내해 준다면 우리는 보다 많은 정보를 얻을 수 있고 이렇게 얻는 소중한 정보 덕분에 야생동물들의 삶을 지켜나갈 수 있습니다. 그리고 야생동물구조센터에서는 많은 사람들에게 이야기할 수 있습니다. 야생동물들이 이렇게 우리와 함께 살아가고 있다고요. 그러니 이제부터라도 함께 보호하고, 지켜주자고 말입니다.

전국 야생동물구조센터 연락처

구조가 필요한 야생동물을 보면 야생동물구조센터에 신속히 연락해 적절한 대응을 요청하는 것이 중요합니다.

◆ 강원도 야생동물구조센터

강원도 춘천시 강원대학길 1

http://wmrc.co.kr | 033-250-7504

◆ 경기도 야생동물구조관리센터

경기도 평택시 동천길 132-93

http://gvs.gg.go.kr | 031-8008-6212

◆ 경상남도 야생동물센터

경상남도 진주시 진주대로 501

http://wl.gnu.ac.kr | 055-754-9575

◆ 경상북도 야생동물구조관리센터

경상북도 안동시 퇴계로 2150-44

http://www.gbforest.go.kr | 054-840-8250

◆ 대전 야생동물 구조관리센터

대전광역시 유성구 대학로 99

http://dwrc.or.kr | 042-821-7930~1

◆ 부산 야생동물치료센터

부산광역시 사하구 낙동남로 1240-2

http://www.busan.go.kr/wetland/wildanimalinfo01 | 051-209-2091

◆ 서울시 야생동물센터
서울특별시 관악구 관악로 1
http://www.seoulwildlifecenter.or.kr | 02-880-8659

◆ 울산 야생동물구조관리센터
울산광역시 남구 남부순환도로 293번길 25-3
http://www.uimc.or.kr/institution/ins02_3.php | 052-256-5322

◆ 인천 야생동물구조관리센터
인천광역시 연수구 송도국제대로 372길 21
032-858-9702

◆ 전라북도 야생동물구조관리센터
전라북도 익산시 고봉로 79
https://wildlife.jbnu.ac.kr | 익산 063-850-0983 | 전주 063-270-3774

◆ 전라남도 야생동물구조관리센터
전라남도 순천시 순천만길 922-15
061-749-4800

◆ 제주 야생동물구조센터
제주특별자치도 제주시 산천단남길 42
http://wildlife.jejunu.ac.kr | 064-752-9982

◆ 충청남도 야생동물구조센터
충청남도 예산군 대학로 54
http://cnwarc.modoo.at | 041-334-1666 | 010-6672-8275

◆ 충청북도 야생동물구조관리센터
충청북도 청주시 청원구 양청4길 45
http://wildlife-center.kr | 043-216-3328

우리 만난 적 있나요?
이 땅에 사는 야생동물의 수난과 구조 이야기

1판 1쇄 | 2018년 3월 9일   1판 6쇄 | 2022년 11월 23일

글쓴이 | 충남야생동물구조센터(김봉균, 김영준, 김희종, 정병길, 이준석, 김문정, 박용현, 안병덕, 장진호, 이준우, 선동주)
펴낸이 | 조재은   편집부 | 김명옥 육수정   영업관리부 | 조희정 정영주

담당 편집 | 박선주   표지와 본문 디자인 | 디박스

펴낸곳 | (주)양철북출판사   등록 | 2001년 11월 21일 제25100-2002-380호
주소 | 서울시 영등포구 양산로 91 리드원센터 1303호   전화 | 02-335-6407   팩스 | 0505-335-6408
전자우편 | tindrum@tindrum.co.kr   ISBN | 978-89-6372-269-6 03470   값 | 14,000원